短视频创作及运营

IT教育研究组 编

中国华侨出版社
·北京·

图书在版编目（CIP）数据

短视频创作及运营 / IT教育研究组编. -- 北京：
中国华侨出版社, 2025. 2. -- ISBN 978-7-5113-9434-7

Ⅰ. TN948.4; F713.365.2

中国国家版本馆CIP数据核字第2025XP8119号

短视频创作及运营

编　　者:	IT教育研究组
责任编辑:	姜　军
封面设计:	天明教育
开　　本:	787mm×1092mm　1/16 开　印张: 16.5　字数: 357 千字
印　　刷:	河南普庆印刷科技有限公司
版　　次:	2025 年 2 月第 1 版
印　　次:	2025 年 2 月第 1 次印刷
书　　号:	ISBN 978-7-5113-9434-7
定　　价:	90.00元

中国华侨出版社　北京市朝阳区西坝河东里 77 号楼底商 5 号　邮编: 100028
发 行 部: （010）88893001　传　　真: （010）62707370

前 言
preface

在如今"人人玩短视频"的时代，人们越来越喜欢用动态的视频来展示自己的个性与风格。短视频改变了人们日常生活的娱乐消遣方式，同时短视频也慢慢变成了很多人生活的一部分，并催生出大量以短视频拍摄和运营为职业的用户，使他们获得了新机遇，开拓了自我价值，让事业登上了新的台阶。

手机短视频用户不断增多，市场规模也越来越大。短视频运营具有入门门槛低、操作简单、投入产出比高、工作时间弹性大等众多优势，但若要想从事短视频行业，不能凭一时脑热，要考虑面临的问题：找准受众、创意策划、内容为王、团队搭建、视频制作、吸粉引流、流量变现、营销推广等。一部智能手机，作为短视频拍摄、剪辑与运营的常用工具，甚至可以完全代替电脑，让创作者制作出成功的爆款短视频，短时间内吸引大量粉丝关注，获得可变现的流量。那么，如何利用短视频进行创作和运营呢？

本书作为一座桥梁，以抖音短视频和剪映软件为例，详尽地讲解文字并搭配实操图片，共分为四个部分，向读者详细介绍有关短视频创作和运营的内容，帮助读者快速掌握短视频拍摄、剪辑技巧、运营技巧，帮助读者成为制作爆款短视频高手。

（1）脚本文案：具体内容包括短视频的脚本设计、脚本设计的准备工作、脚本的必备要素、脚本的制作技巧、渠道标题的拟定、标题拟定的通用技巧、常用的标题模板、标题优化技巧等，还提供了脚本文案范例，为读者快速写出优质的短视频脚本和文案内容，提供了充分的学习指导。

（2）视频拍摄：具体内容包括选择拍摄主题、选择拍摄设备、稳固拍摄设备、选择灯光设备、选择收音设备、手机外接摄像头的选择、视频格式、视频分辨率、视频帧率、录像功能的使用、构图网格线等，帮助读者更快、更好地拍摄出理想的视频效果。

（3）视频剪辑：具体内容包括介绍剪映界面功能、导入视频素材、视频素材处理、调色、人物磨皮瘦脸、添加视频特效、使用关键帧、画中画、制作漫画效果、抠图等，使读者快速掌握剪辑软件的使用，制作出满意的视频效果。

（4）账号运营：账号定位介绍、账号精准定位、参考对标账号、为账号确立人设、账号设置、账号标签、视频内容要求、提高完播率的四个方法、提高评论量的八个技巧、提高点赞量的四个技巧、提高转发量的原则等，使读者掌握短视频运营变现的方法，提高创作收益。

短视频行业发展一年一变，成功案例层出不穷，每一个从业者都在寻找新的突破口以成为下一个领跑者。在推陈出新的同时，想借助短视频来扩大自身影响力并扩宽财源的读者，要注意不能心浮气躁、投机取巧，要练好基本功，根据市场形势的发展调整方向，培养健康友好的行业风气，不可急于求成地照搬已有的营销案例，或开创全新的营销方式，应当认真学习运营之道。总而言之，不管是短视频的脚本文案策划、拍摄剪辑还是运营变现，读者要掌握已有的规律和技巧，同时要有自己的思想，从而创作出高质量的作品。

本书内容将知识系统化并进行综合应用，使读者能够直观、高效地完成相关软件基础知识和常用操作的学习。

【特别提示】本书在编写时，使用的是基于当前软件所截取的实际操作图片，但本书从编辑到出版需要一定的时间，在这段时间里，软件界面与功能会有所调整与变化，比如有的内容或功能已暂停，部分内容或功能增加了，这是软件开发商所做的软件功能升级，请各位读者在阅读本书时，根据书中的思路举一反三进行学习。

本书由天明教育 IT 教育研究组吕梦云、王静、崔飞、张家豪以及郑州轻工业大学郑远攀编著。其中，第 1 部分由吕梦云、王静共同编写完成，第 2、3 部分由郑远攀编写完成，第 4 部分由崔飞、张家豪编写完成。由于编写时间和编者水平有限，书中难免存在不妥和疏漏之处。恳请广大读者批评指正。

本书内容仅用于个人学习、研究，以及其他非商业性或非营利性用途。书中涉及的图片、音频、视频、软件等，原作者如有疑问，请根据封底联系方式联系我们。

本书编写组

目 录
contents

第①部分　脚本文案

随着移动互联网的发展，短视频应用因其画面和背景音乐劲爆、创意新颖、故事情节紧凑、内容简练且不拖泥带水，很符合现代人快节奏的生活方式，因此让人"流连忘返"，已然成为手机应用市场中的一道独特的风景线。

对于短视频而言，能否输出优秀的内容仍然是一大核心问题。虽然每个短视频仅有短短几十秒或几分钟，但对于一个优秀短视频而言，每一句话、每一个镜头、每一个画面都是经过精心雕琢的。对于刚开始做短视频的新人来说，拍摄手法、技巧、拍摄装备等都不是最重要的，最重要的就是视频内容，而做好视频内容的前提就是要有一个完整的视频脚本文案。

精彩的短视频，都是靠脚本文案来承载的。对于短视频来说，脚本相当于文章的大纲，对剧情的发展与走向起决定性作用，文案是视频创作的核心和灵魂。因此，有一个好的短视频脚本文案，才能让用户更好地理解视频内容，才有更多机会上热门。

第 1 章 脚本

1.1 脚本设计概述

1. 什么是脚本

"脚本"一词属于编剧术语，指的是表演戏剧、拍摄电影等所依据的底本。它用以确定故事发展情节，决定作品的走向，甚至拍摄的具体细节。随着短视频的发展，"脚本"也被应用到短视频的制作过程中。

短视频脚本是用户拍摄短视频的主要依据，为了呈现最佳的画面效果，在短视频拍摄之前要构建好故事基本框架，提前安排好短视频拍摄过程中的所有事项，包括人物对白（解说词）、场景切换、时间分割，以及动作、音效等。

短视频脚本是指导整个视频制作流程的指挥棒。从时间的把握、地点的选择，到画面的呈现，镜头的运用，以及景别的设定，都紧密围绕脚本展开。服装道具的准备也需根据脚本中的设定来筹备，确保与整体风格相协调。摄影师、演员、剪辑师等所有参与人员，他们的每一个动作和行为，都紧密围绕脚本展开，确保最终呈现出的视频与预期效果高度一致。

一个好的脚本是成功创作短视频的基础和保证。因为它不仅服务于拍摄，更是确保高效、高质量完成短视频制作的关键工具，还让每一个参与者都明确自己的职责和定位，确保整个制作过程的协同与流畅。表 1-1-1 所示为一个简单的短视频脚本模板。

表 1-1-1 短视频脚本模板

镜头	摄法	画面	解说	音乐	时间	备注
1	全景，背景为昏暗的楼梯，机器不动	两个女孩忙碌了一天，拖着疲惫的身体爬楼梯	背景是傍晚昏暗的楼道，凸显主人公的疲惫	《有模有样》插曲	4 秒	女孩侧面镜头，距镜头 5 米左右
2	中景，背景为昏暗的楼道，机器随女孩变化而变化	两人刚走到楼口就闻到了泡面的香味，飞快地跑回宿舍	昏暗的楼道，与两人飞快的动作相互呼应，突出两人的疲惫	《有模有样》插曲	5 秒	刚到楼梯口正面镜头，两人跑步侧面镜头一直到背面镜头
3	近景，宿舍，机器不动	另一个女孩在宿舍准备吃泡面	与楼道外飞奔的两人形成鲜明的对比	《有模有样》插曲	1 秒	俯拍，被摄主体距镜头 2 米
4	近景，宿舍门口，定机拍摄	两个女孩在门口你推我搡地不让彼此进门	突出两人饥饿，与窗外的天空相互配合	《有模有样》插曲	2 秒	平拍，被摄主体距镜头 3 米

镜头	摄法	画面	解说	音乐	时间	备注
5	近景，宿舍，机器不动	另一个女孩很开心地夹着泡面正准备吃	与门外的两个女孩形成对比	《有模有样》插曲	2秒	被摄主体距镜头2米

2. 脚本的作用

如果短视频没有脚本，在拍摄视频时容易出现各种各样的问题，如拍到一半发现场景不合适，或者道具没准备好，又或者缺少演员，这需要花费大量时间和资金去重新安排。盲目、无规划地拍摄也会造成资源的浪费和素材的冗杂，这样不仅会浪费时间和金钱，而且也很难制作出想要的短视频效果。因此，短视频脚本的设计是短视频制作不可缺少的环节，也是重要环节。

短视频脚本能够理清思路，确定视频的拍摄提纲和框架；便于提前准备好所需物品，避免出现物品缺失或不合适的问题；能够提前安排好各个人员，保证工作有序推进，提高视频拍摄的效率。

短视频脚本还能保证视频的质量。在短视频脚本中，需要对每个镜头的画面进行精雕细琢，如场景的选取和布置、服装的准备、台词的设计，以及人物表情的刻画等，同时配合后期剪辑，能够呈现出更完美的视频画面效果。

在创作短视频的过程中，所有参与前期拍摄和后期剪辑的人员都需要遵从脚本的安排，包括摄影师、演员、道具师、化妆师、剪辑师等。虽然短视频时长比较短，但只要创作者足够用心，就能设计出好的作品，让视频爆火。

3. 脚本的类型

短视频脚本一般分为拍摄提纲、文学脚本和分镜头脚本三种。拍摄提纲适用于新闻纪录片、访谈类或资讯类的短视频内容，文学脚本适用于没有剧情或剧情相对简单的短视频内容，分镜头脚本适用于剧情类的短视频内容。

（1）拍摄提纲

拍摄提纲是为短视频拍摄制定的大致框架，只对拍摄内容起到提示作用，适用于一些拍摄现场中存在的不容易掌握和预测的内容。拍摄者可以依据拍摄提纲在拍摄过程中灵活调整所要表达的内容，让拍摄者有更大的发挥空间。它包含了短视频拍摄的基本要点，是短视频最终呈现的大致轮廓。

拍摄提纲一般分为五个部分：主题、视角、体裁、风格画面和内容。

主题，要明确立意，为拍摄者确定创作方向。可以是新颖有意义的课题，也可以是前人阐述过但没有阐述论证得足够全面，我们可以加以丰满，又或者是驳斥前人的观点。总之要有明确的主题立意。

对于视角而言，好的视角能够让人耳目一新，体现视角的首要问题就是作品的切入点。

因此，要寻找独特的切入点，才能更好地表现短视频的主题。

体裁最基本的特征是再现性和逼真性。因为不同的体裁有不同的创作要求、创作手法、表现技巧和选材标准，可以根据体裁确定拍摄要求及表现方法。

风格画面用于确定短视频的创作基调。它决定创作环境是轻快还是沉重，色调影调、构图、用光如何安排等。

内容，即用具体的场景架构指导短视频拍摄，要注意把握好外部节奏与内部节奏。

（2）文学脚本

短视频文学脚本以文学的手法描述短视频的情节发展，将拍摄者所要呈现的视听效果以文字的形式传达出来，从而形成一个较为完整的流程。这种脚本只是将人物所要做的任务和要说的台词设计好，将所有可控因素的拍摄思路简单列出来，是一种较为详细的脚本形式。

文学脚本适用于做测评类、好物分享类还有口播类的短视频内容，只需要规定人物需要做的任务、说的台词、所选用的镜头和整期节目的长短即可。

（3）分镜头脚本

对于短视频拍摄来说，分镜头脚本是最为详尽的脚本形式，是将文字画面转化为视听立体形象的重要环节。它通过文字将镜头能够表现的画面描述出来，因此，分镜头脚本不仅包括完整的故事，还要把故事的情节点翻译成镜头。每一个镜头的长短和细节都在掌握之中，可以说是一种"文字化"的影像内容。

通常，分镜头脚本包括镜头号、景别、画面内容、时长、对白（解说词）、音效等，将它们按顺序制作成表格。拍摄者可以根据不同短视频的拍摄需求，灵活安排项目，如表1-1-2所示。

表 1-1-2　分镜头脚本的组成

项目	说明
镜头号	按组成短视频的镜头的先后顺序依次编号
景别	以全景、远景、中景、近景或特写的拍摄角度表现整体或突出局部
画面内容	用精练、具体的语言描述要表现的画面内容
时长	每个镜头的拍摄时间要精确到"秒"
对白（解说词）	镜头下人物的对白，或者对画面的解说
音效	配合画面所安排的音效，可以起到烘托情境的作用

分镜头脚本对拍摄者要求相对较高，一般短视频拍摄者难以驾驭。但是对于喜欢拍摄故事性强或者具有文艺范视频的创作者来说可以借鉴这种手法。

1.2　脚本设计的准备工作

在正式开始创作短视频脚本前，要确定好短视频的整体内容思路和流程，做好前期的准备工作，同时制订一个基本的创作流程。基本的创作流程包括以下六个方面。

（1）内容定位

创作短视频脚本前，要确定好内容的表达形式，即具体做哪方面的内容，如美食制作、服装穿搭、情景故事、产品带货、才艺表演或者人物访谈等。

（2）拍摄主题

主题是赋予内容定义的，要根据内容的创作方向确定拍摄主题。比如服装穿搭系列，拍摄一个连衣裙的单色搭配，这就是具体的拍摄主题。

（3）拍摄时间

若短视频需要多人合作拍摄，需要安排好各个镜头的拍摄时间，这样不但能够提前和摄影师约定时间，告知所有工作人员，让大家做好准备，安排好时间，也可以确保拍摄进度的正常执行，可以形成具体的拍摄方案，不会产生拖拉的问题。

（4）拍摄地点

拍摄地点的选择非常重要。要拍的是室内场景还是室外场景，是在广场上还是在马路上，这些都要提前选好地点。例如，拍摄野外的美食就要选择在青山绿水的地方。而且有些拍摄地点可能需要提前预约或沟通，这样才不会影响拍摄进度。

（5）拍摄参照

有时候我们想要的拍摄效果和最终出来的效果是存在差异的，这时，我们可以找到同类型短视频作为参照物，看哪些场景和镜头的表达是值得借鉴的，我们可以将其用到自己的短视频脚本中。

（6）背景音乐（BGM）

BGM 是一个短视频拍摄必要的构成部分，配合场景选择合适的音乐非常关键。合适的 BGM 可以为短视频带来更多流量和热度。比如，拍摄帅哥美女网红，就要选择流行和嘻哈等快节奏的音乐，拍摄中国风则要选择节奏偏慢的唯美的音乐。

1.3　脚本的必备要素

☞ 1. 短视频脚本的基本要素

在短视频脚本中，要对每一个镜头进行细致的设计。短视频脚本的基本要素包含以下六点。

（1）景别

景别是指相机与被摄对象间的距离不同或用变焦镜头构成不同的画面。由于角度不同，所看到的景物是不一样的，所以不同的景别能够满足用户的视觉享受。在拍摄短视频的分镜头时，要

图 1-1-1　远景

根据需要选择不同的镜头景别，如远景、全景、中景、近景和特写等，可以交替使用各种不同的景别，以增强短视频的艺术感染力。

远景的视野范围广阔，摄像空间范围大。以拍摄人物为例，远景就是把整个人和环境拍摄在画面里面，常用来展示事件发生的时间、环境、规模和气氛，如图 1-1-1 所示。远景通常用来介绍故事的背景、环境，强调场面的深远，可起到渲染气氛的作用。

全景比远景更近一点，把人物的身体整个展示在画面里面，却又保留一部分人物活动的空间。全景可以表现人物的全身动作，或者是人物之间的关系，通过人物面部表情或动作行为可以表现人物的状态，反映人物的内心情感等，如图 1-1-2 和图 1-1-3 所示。

图 1-1-2　全景

图 1-1-3　全景

中景是指拍摄人物膝盖至头顶的部分，符合一般人的视野，不仅能够使用户看清人物的表情，而且有利于显示人物的形体动作。在中景的画面中，人物占据画面的比例较大，而周围环境只展示一部分，且为了凸显主体对象，有时会对背景进行模糊处理。如图 1-1-4 和图 1-1-5 所示。

图 1-1-4　中景

图 1-1-5　中景

近景是指拍摄人物胸部以上至头部的部位，主要用于表现人物的面部或者是其他部位的表情、神态，甚至是我们的细微动作，如图 1-1-6 所示。在近景的画面中，背景和环境的展示范围进一步缩小，被摄主体在画面中的主导地位更为突出。

特写所表现的画面单一，基本看不见周围环境。在对人物拍摄时，通过放大人物的局部，如人物的眼睛、鼻子、嘴、手指、脚趾等这样的细节动作或表情，适合用来表现需要突出的细节。如图 1-1-7 所示。在以物体为拍摄主体时，通常包含着某种深层内涵，透过物体来映射或揭露本质，如图 1-1-8 所示，水滴虽小，但落下后也会产生不小的影响。

图 1-1-6　近景

图 1-1-7　人物特写

图 1-1-8　水滴特写

（2）内容

内容就是用户想要通过短视频表达出来的东西。可以将内容拆分成一个个小片段，放到不同的镜头里面，通过不同场景方式将其呈现出来。

（3）台词

台词是指短视频中人物所说的话语，也可以是"画外音"。是为了镜头表达准备的，具有传递信息、刻画人物和体现主题的功能，起到画龙点睛的作用。短视频的台词设计以简洁为主，否则用户听起来会觉得很难理解。

（4）时长

时长指的是单个镜头的时长，每个镜头的时间长度也要提前预估好，同时剧情的转折或反转的时间也要标注好，方便在后期进行剪辑的时候能快速找到重点，提高剪辑的工作效率。

（5）运镜

运镜就是镜头的运动方式，即拍摄手法，包括推镜头、拉镜头、升降镜头、摇镜头等。

不同的运镜方式展现出来的画面效果也不一样。在短视频拍摄中经常用到的一些运镜技巧有前推后拉、环绕运镜、低角度运镜等。在实际拍摄时可以将这些技巧进行组合运用，让镜头看上去更加丰富、酷炫，画面更有动感。

（6）道具

道具是作为辅助物品使用的。一个好的道具，能让故事更有看头，能给用户留下深刻印象，甚至大家在看到这些道具的时候，都能想到该视频。但是需要注意的是，道具起到画龙点睛的作用，切忌画蛇添足，让道具抢了主体的光。

2. 短视频脚本的基本编写流程

短视频脚本的基本编写流程主要包括框架搭建、主题定位、人物设置、场景设置、故事线索、影调运用、音乐运用和镜头运用，如表 1-1-3 所示。在编写脚本时，不但需要遵循化繁为简的形式规则，还要注重内容的丰富度和完整性。

表 1-1-3　短视频脚本的基本编写流程

要素	具体内容
框架搭建	拍摄前的整体建构，如场景选择、拍摄主题、故事线索、人物关系等
主题定位	明确主题、找准切入点，围绕主题写出具体的大纲
人物设置	对人物进行相应的安排，每个人物如何表现主题
场景设置	室内、室外、棚拍或是绿幕抠图，制造出适合视频内容的氛围
故事线索	情节的发展走向，脚本的叙事手法，如顺序、插叙、倒叙等方式
影调运用	不同的主题搭配相应的影调，如悲剧搭配冷色调，搞笑画面搭配暖色调
音乐运用	根据画面运用合适的音乐来渲染气氛，带动用户情绪
镜头运用	运用不同的镜头拍摄不同的画面

1.4　脚本的制作技巧

对于一个短视频来说，脚本是短视频立足的根基，它就像一个"骨骼"，把图片、台词、音乐等组合在一起，决定了短视频的风格和走向。

短视频的节奏很快，信息点很密集。虽然只有短短的几十秒甚至十几秒，但是在优秀的短视频里，每一个镜头都是精心设计过的，每个镜头的内容都要在脚本中交代清楚。就像导演要拍一部电影，每一个镜头都是精心设计的。

脚本的编写也是有一定制作技巧的，这些技巧能够帮助创作者创作出更优质的脚本，让其在大量的短视频中脱颖而出。

1. 站在用户的角度思考

短视频会爆火的原因是用户的喜爱，因此，首先需要明确短视频的受众是谁，了解他们

图 1-1-9

的兴趣和需求，站在他们的角度去思考脚本内容。只有了解到受众的喜好和关注点，才能创作出让用户喜爱的作品。

在短视频领域，内容比技术更加重要，技术可以慢慢练习，但内容却需要创作者有一定的创作灵感。有时候，即便是简陋的拍摄场景和服装道具，只要设计的内容足够吸引用户，能获得用户的喜爱，那么这条短视频就能火。例如，在《逃出大英博物馆》短剧爆火后，许多人都以文物"逃离"博物馆这种独特的题材创作视频，如图 1-1-9 所示，用拟人化的手法来讲述法国博物馆一部分的敦煌遗书的故事，内容创新，形式新颖，让用户与中国的文化遗产产生共鸣，同时也传达出对历史和文化的尊重。虽然他们的特效一般，但他们的内容获得了许多用户的喜爱。

短视频中对内容好坏的定义不是根据内容本身的质量和实用程度来确定的，而是根据用户的"反馈"来确定的。有些视频质量很高，但是播放量和点赞量都比较少，究其原因，是因为这些视频的受众较少，视频时间较长，与短视频的定位和受众所需的适合碎片时间观看的需求不符。

👉2. 注重审美和画面感

短视频的拍摄与摄影类似，都非常注重审美，审美决定了所制作的作品的高度。拍摄短视频最终是视觉的呈现，所以撰写脚本的时候要有画面感和基本的审美。撰写脚本不仅要写台词内容，还要构思整体服饰，以及画面的侧重点。现在摄影设备的功能越来越齐全，各种剪辑软件也越来越多、越来越智能，不管拍摄的画面多么粗糙，经过后期剪辑处理，都能变得很好看，就像抖音上神奇的"化妆术"一样。如图 1-1-10 所示，经过剪辑处理之后就成为图 1-1-11 所示的效果。因此，拍摄的时候就要把自己想要的镜头拍好，后期通过剪辑，将拍好的视频或照片素材拼接成片，即可轻松制作出同款短视频效果。

由于短视频的技术门槛越来越低，普通人也可以轻松创作和发布短视频作品。但是，在这些视频中，那些注重审美和画面感的视频会脱颖而出。因此，若想要拍出的视频获得更高的浏览量和点赞量，在拍摄时，不仅要保证视频画面的稳定和清晰度，而且还需要突出主体，组合各种景别、构图、运镜方式，以及结合快镜头和慢镜头，增强视频画

图 1-1-10

图 1-1-11

面的运动感、层次感和表现力。创作者只有多思考、多琢磨、多模仿、多尝试、多总结，不断练习，提升自己的审美观，才能拍出具有画面感的视频和照片。

3. 诱惑的前置信息

短视频的时长较短，抓住用户注意力是其中的关键。因此，很多时候，我们需要在最短的时间内告诉用户"通过这段视频你能看到什么"，这可以通过信息前置来实现。视频开头要引人入胜，可以使用引言、问题、悬念等方式，让用户产生兴趣。但是，并不是任何信息都能吸引到用户，往往具有悬念、具有治愈作用、与用户的日常生活有很大关联或具有冲突感的视频开头，更能引起用户的观看兴趣。很多浏览量和点赞量较高的视频都会

图 1-1-12

图 1-1-13

在视频的开头告诉用户视频的主要内容，如图 1-1-12 所示，"挑战用小吃的价格自己在家能做多少"，这与人们的日常生活紧密相关；如图 1-1-13 所示，"在中国待久了的老外回国日常"，这条信息包含着冲突感，让人不禁想要一看究竟。

像抖音媒体类账号"四川观察"，其选题范围很广，涵盖时事新闻、趣味娱乐、奇闻逸事等，但仔细分析其内容，会发现许多视频开篇都会向用户展示一些新鲜、有趣的前言，如"男生光棍节前打电话告白，女生说'嘿嘿'后"，容易引起用户好奇；还比如，"小猴子被困高空，猴妈妈飞身救子"，让用户想要一探究竟等。

这种被前置好的信息不仅可以让用户清楚地知道看完这个视频能"收获"什么，建立心理预期，同时又各具特色，可以通过极具吸引力的信息迅速吸引用户的注意力。

4. 语言简洁明了

由于短视频的时长有限，编写脚本时也要简洁明了，每段话都要精练表达，避免冗长叙述。在创作脚本时，可以先列出主要的内容和要点，然后再根据需要添加一些细节或情感元素。在写作过程中，要注意对节奏的把控，让视频更易于理解和吸引人。

5. 设置冲突和转折

人们对那些充满了出其不意的反转和紧张刺激的冲突的剧情有很大的兴趣。这种情感落差和情节的反转，正是吸引用户的关键所在。短视频创作者在编写脚本时，若能巧妙运用这种反差感强烈的转折场景，便能在瞬间抓住用户的注意力，引发他们的惊喜感。这种"过山车式"的情感体验，不仅能够激发用户的讨论和互动热情，为视频增添更多的笑点，更能为

整个短视频作品带来独特的新意。

　　我们可以从日常生活中，从生活中的点滴、小事或趣闻中汲取创意，用普通常见的人、事、物人为地制造差异和冲突。如图 1-1-14 所示，影视剧中的群众演员可能为了生计，也可能有着做明星的梦想，但是银行行长退休做群演就非常意外，人物形象的反差激发用户讨论，吸引他们去点赞和转发。

　　通过人设、剧情的反转，往往能产生意想不到的戏剧效果，满足用户的好奇心和娱乐需求。比如在抖音视频中常见的"换装"反转：一个长相平平无奇，有可能还会有点邋遢的人，在镜头一切之后就摇身变为一个令人惊艳的人，前后的反转会让用户体验到视觉的冲击，如图 1-1-15 和图 1-1-16 所示。除了

图 1-1-14

视觉上的反转，剧情上的反转也能让用户收获刺激与快乐。

　　有时候，收集一些热梗在视频中使用也可以得到不错的效果。因为这些热梗通常自带流量和话题属性，能够吸引大量用户点赞。短视频中的冲突和转折能够让用户产生意外感，同时也让用户对剧情的印象更加深刻。表 1-1-4 总结了一些在短视频中设置冲突和转折的相关

图 1-1-15

图 1-1-16

技巧。

表 1-1-4　短视频中设置冲突和转折的技巧

剧情有代入感	剧情贴合用户生活或工作场景，增加代入感
台词幽默搞笑	采用旁白进行叙事，设计能引起用户爆笑的台词
剧情容易模仿	结合正能量与反转剧情，带动用户进行模仿跟拍
人物形象反差	剧中人物形象与角色定位或话题形成强烈反差
视听体验反差	使用与剧情形成强烈反差的背景音乐，增加噱头
加入地域对比	采用不同地域的文化习惯或生活方式，形成鲜明对比

| 加入角色对比 | 设计角色的财富高低、人物年龄、人物形象等对比 |

6. 模仿精彩的脚本

如果在策划短视频的脚本内容时很难找到创意，可以先尝试模仿，在热门的短视频平台上依据视频的点赞量、评论量和转发量，找到那些热门的视频，模仿别人的视频写一个脚本，然后拍摄剪辑，或者提炼爆款视频中的亮点，还原精彩片段，然后进行二次创作。

也可以去翻拍和改编一些经典的影视作品，包括某个画面、道具、台词、人物造型等内容，都可以被运用到自己的短视频中。

用户在寻找翻拍素材时，可以去豆瓣电影平台搜索各类影片排行榜，如图 1-1-17 所示，将排名靠前的影片都列出来，然后去其中搜寻经典的片段。

图 1-1-17　豆瓣电影排行榜

7. 运用好背景音乐

对短视频来说，声音效果也是非常重要的一环。选择与视频主题和风格匹配的音乐和配音，可以营造氛围，增强情感表现。在符合上述条件的基础上，可以选择一些比较火的音乐片段。这些音乐因为出现频率高，往往会形成"耳虫"效应，使这些音乐片段在用户心中不由自主地反复播放。用户在刷视频时听到这些"耳虫"音效，就会形成条件反射，激发某些特定的情绪，从而形成对内容的特定期望。那些短视频平台上流量较高的作品，他们的音乐大都是网络"神曲"，即流行的音乐片段。如一些带有喜剧效果的背景音乐，或一些带有国泰民安效果的背景音乐，当视频开始播放的时候，用户大概就知道这段视频的风格，这样可以很快被音乐带到视频的氛围中，更容易共情。

1.5　脚本撰写的注意事项

首先，在正式撰写脚本前，要明确短视频的主题，即想要表达什么样的内容。可以根据目标受众确定短视频的主题和内容。短视频的主题要有趣、有价值，能够吸引用户的注意力，短视频的内容要能与用户产生共鸣，可以是价值共鸣、经历共鸣或是情感共鸣，要能够获得用户的认同。

其次，当视频的主题和内容确定以后，脚本就算完成了一半，剩下的一半就是设计镜头的切换、镜头的时长和画面的描述等。可以把心中预想的画面的镜头、景别、画面写在纸上，就能够更好地掌握视频的节奏和氛围。要注意镜头切换与节奏的变化，包括景别的变化、角度的调整等，视频不能一直是一个人，以同一个姿势在那里单独地讲述。

最后，在完成初稿后，要反复修改和完善，检查语法错误，确保逻辑正确清晰，且符合目标受众的需求和期望。短视频脚本撰写是一个反复试错的过程，需要进行多次修改才能最终定稿。通过不断尝试不同的表现方式和情节设计，才能找到最适合自己的创作思路和方法，创作出引人入胜的短视频内容。

总的来说，短视频脚本只要确定好主题，提前构思好画面内容，然后落实到表格、落实到文字，能够让拍摄者、演员、剪辑人员看明白即可。

第2章 文案

许多观众在看短视频时，首先注意到的就是标题。标题是整个视频的主题内容的概括，一个好的标题能够让观众眼前一亮，让观众对视频的内容有了初步的了解，这也在一定程度上决定了观众是否有继续观看下去的兴趣。此外，对于视频中无法表现出来的情绪或主题升华，也可以在标题中表达出来。

2.1 渠道标题的拟定

一般来讲，短视频的投放渠道分为三类：推荐渠道、视频渠道和粉丝渠道。

☞1. 推荐渠道的标题拟定

推荐渠道拟定标题的方法有很多，比如：在标题里提出疑问或反问，例如"电脑截图方式，你还知道哪些"，如图1-2-1所示；抓住观众的痛点需求，例如"一个设置解决C盘爆满"，如图1-2-2所示；抓住时事热点，例如"App在偷听"，如图1-2-3所示等。

图1-2-1 脑截图方式

图1-2-2 解决C盘爆满

图1-2-3 手机软件是否在监听我们的生活

☞2. 视频渠道标题的拟定

视频渠道通常是用户通过在搜索框输入的关键字来给出相关的查找列表，如果我们拟定的标题上有用户搜索的关键字或关键字相关的内容，则我们的短视频就很有可能被推荐给该用户。所以关键字是拟定视频渠道标题的关键。找到流量高的关键字最简单的方法是先找到视频中的关键点，然后到视频网站去搜索，看看那些视频播放量和点赞量高的视频是怎么拟定视频标题的。

3. 粉丝渠道的标题拟定

当我们发布视频后，最先看到的是粉丝，接着粉丝会对短视频的内容进行点赞、评论或者转发。而当我们的视频有足够的互动量时，就会被推荐到更加热门的频道。了解这个机制后，我们在拟定标题时就要考虑拟定一个什么样的标题才能吸引粉丝。我们可以试着猜想一下粉丝是因为哪个视频的哪一个点才关注自己的，我们要尽可能地往他们感兴趣的方向靠拢，在短视频内容表达清楚的基础上再增加一点趣味化的东西。

就以风景照为例，风景照通常是"标题＋话题"的形式，所以在拟定短视频的时候也要注意话题的选择。比如话题可以带上和短视频内容相关的大分类或是小分类。例如，所发布的视频是一些关于风景的图片或视频，那么就可以带上"摄影"大分类的话题或是视频取景所在地类似的小分类，如图 1-2-4 所示。还有一些特殊的话题能提高上热门的频率，比如"我要上热门""精选"等。

图 1-2-4　摄影

2.2　标题拟定的通用技巧

视频的点击量是界定标题好坏最直接的标准，想要提高视频的点击量则需要熟练运用以下四种标题拟定的通用技巧。

1. 数字给人的感觉要比文字更直观

标题内容越有吸引力，用户在页面停留的时间越长。研究表明，阿拉伯数字的"1、2、3"要比文字形式"一、二、三"更加直观，这也导致了用户在相同的时间内，可以清楚地记住含有阿拉伯数字的标题而对纯文字形式的标题印象模糊。此外，在某些有关实时新闻方面的视频中用阿拉伯数字表示会有更强的冲击感。例如"历史性飞跃！我国人均 GDP 突破 10 000 美元！"，如图 1-2-5 所示。

图 1-2-5　标题中带有数字

2. 用故事设置悬念

好的标题都十分善于用故事设置悬念，激起用户的兴趣。比如"十二生肖中其他的生物我们都可以看到，唯独看不到龙，龙是真实存在的吗？""随着科技的进步与人类的进化，人类最终会进化成什么形态？""宇宙中是否存在外星人？如果存在外星人，为什么我们还是没有发现他们呢？"等。可见，有悬念的标题总能引人无限遐想，从而促使用户点击观看。

3. 打造差异化标题

拟定短视频标题时不免要"蹭热点"，但是怎么"蹭"也是一门技术，把握得好的话会吸引很多流量甚至上热门，把握得不好则会被打上"蹭热度"的标签，所以标题内容没有差异化就很难脱颖而出，因此该怎么"蹭热度"很重要。如淄博烧烤爆红于网络，各大媒体、短视频创作者和营销号就淄博烧烤这一话题发布了相关的视频，"淄博烧烤为啥火了""淄博烧烤推荐哪家"诸如此类的视频一时间充满了网络。面对一夜爆火的淄博烧烤，用户很难不会去了解淄博的烧烤味道好不好、价格到底贵不贵。借用热点新闻并撰写一个具有吸引力的短视频标题，当用户刷到或搜索与淄博烧烤有关的视频时，有很大可能会把视频看完，这样就极大地提高了视频的播放量和点评量。

4. 增强代入感

增强短视频代入感能够拉近用户和运营者之间的心理距离，而且还会激发用户在社交网络的分享欲，很多爆款短视频也都由此而来。让用户产生代入感的方法有很多，比如在标题中加入"大学生"和"00后"等词语，直接锁定相应的目标群体。此外，还可以用"××星座是什么样的性格"这样类似的句式，当用户看到这样的标题时，如果跟自己的星座一样，将会有很大的欲望看下去，看一下自己的性格是否和运营者所讲述的一致，这样极大地增强了用户的代入感。

2.3 常用的标题模板

1. 励志式标题

励志式标题最大的特点就是"现身说法"，一般是通过第一人称的方式讲故事，故事的内容不尽相同，但总的来说离不开成功的方法、经验及教训等。如今，很多人都觉得生活很苦、生活没有意义，当给他们看励志鼓舞型的短视频，让他们了解即使是没有四肢的残障人士也可以游泳也可以冲浪，让他们内心不禁产生疑问："没有四肢怎么可能会游泳呢？"但就是这样一个人，尼克·胡哲，没有四肢却会游泳，没有四肢却可以完成从躺着的状态到站起来的过程。他们看完这个视频难免会有所触动，激发他们评论并产生情感共鸣。励志式标题模板主要有两种，如图1-2-6所示。

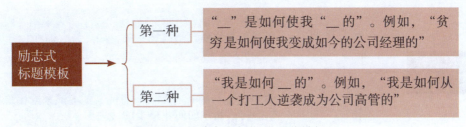

图 1-2-6　励志式标题的两种模板

2. 价值式标题

价值式标题是指向短视频观众传递一种只要查看了短视频，就可以获得快速掌握某些技巧或者知识的信心。

价值式标题之所以能够引起大家的注意，是因为它抓住了人们想要从短视频中获取实际利益的心理。许多观众都带着一定的目的观看短视频，要么是希望短视频中含有福利，如"怎么才可以买到有折扣的机票"；要么是希望能够从短视频中学到一些有用的知识，如"怎样刷鞋子才可以将鞋子刷得干净且没有异味"。因此，价值式标题的魅力是不可阻挡的。

在打造价值式标题的过程中，往往会碰到一些问题，如"什么样的技巧才算有价值？""价值式标题应该具备哪些要素？"等。那么，价值式标题到底应该如何撰写呢？可以将其经验技巧总结为三点，如图 1-2-7 所示。

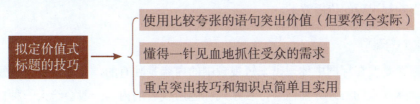

图 1-2-7　拟定价值式标题的技巧

值得一提的是，在撰写价值式标题时，切记不要提供虚假信息，比如"一分钟背会××个单词""× 个小时教你学会××"等。虽然价值式标题需要在其中添加夸张的成分，但要把握好尺度，要真实有效，要有底线和原则。

3. 福利式标题

福利式标题是指在标题上带有与"福利"相关的文字，向观众传递一种"这个短视频就是来送福利的"感觉，让观众自然而然地想要看完短视频。福利式标题准确把握了观众追求利益的心理需求，让他们一看到"福利"的相关字眼就会忍不住想要了解短视频的内容。

福利式标题的表达方法有两种，一种是直接型，另一种是间接型，虽然具体方式不同，但是效果大体相同，如图 1-2-8 所示。

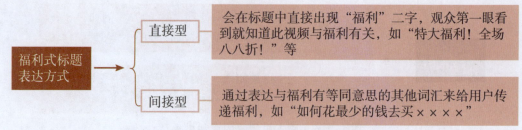

图 1-2-8　福利式标题的表达方法

福利式标题通常会给观众带来一种惊喜感。试想，如果短视频标题中直接或间接地指出含有福利，你难道不会心动吗？所以在撰写福利式标题时，无论是直接型还是间接型，都应当掌握如图 1-2-9 所示的这三种技巧。

图 1-2-9　拟定福利式标题的技巧

福利式标题既可以吸引观众的注意力，又可以为他们带来实际利益。但是运营者在撰写福利式标题时也要注意，不能因为侧重福利而偏离了视频的主题，而且最好不要使用太长的标题，以免影响短视频的传播效果。

4. 独家式标题

独家式标题是要在标题中体现出来短视频中的内容是独有的，让观众觉得该短视频值得点赞和转发。从观众的心理方面而言，独家式标题所代表的内容一般会给人一种自己率先知晓、别人都不知道的感觉，因而在心理上更容易获得满足，同时也能够促使观众转发短视频。

独家式标题会给观众带来独一无二的荣誉感，同时还会使得短视频内容更加具有吸引力。因而在撰写独家式标题时，应该掌握以下三点技巧，如图 1-2-10 所示。

图 1-2-10　撰写独家式标题的技巧

5. 催促式标题

当下手机等电子产品盛行，部分"拖延症患者"总是需要在他人的催促下才动手去做一件事。催促式标题能够给短视频观众传递一种紧张感，他们看完标题后会产生"现在不看就会错过什么"的感觉，从而立马浏览短视频。那么，催促式标题具体应该如何撰写呢？可以将其相关技巧总结为三点，如图 1-2-11 所示。

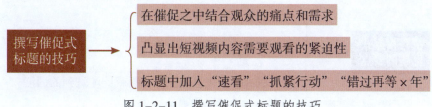

图 1-2-11　撰写催促式标题的技巧

6. 观点式标题

观点式标题是指以表达观点为核心的一种标题撰写形式，一般会在短视频标题上精准到某个人，这个人通常是科学家或者某位明星，他说的话能够获得大家的认同，并且可以把人名添加到标题中。这种类型的标题还会在人名的后面紧接其对于某件事的个人观点或看法。观点式标题在短视频中比较常见，而且可使用的范围比较广泛，常用模板有 4 种，如图 1-2-12 所示。

图 1-2-12　观点式标题的常用模板

模板往往比较刻板，在实际的短视频标题撰写过程中，不可能完全按照模板来写，只能说它可以给运营者提供一定的参考方向。在撰写观点式标题时，总结了以下三个经验技巧可以借鉴，如图 1-2-13 所示。

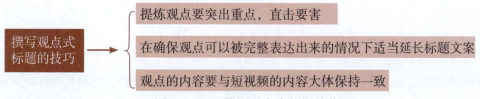

图 1-2-13　撰写观点式标题的技巧

观点式标题的优点在于一目了然，通过"名人 + 观点"的形式往往能在第一时间引起观众的注意，特别是当人物的名气比较大时，观众对于短视频中表达的观点会更容易产生认同感。

7. 揭露式标题

揭露式标题是指为观众揭露某件事物不为人知的一面的一种套路。大部分人对未知事物都有一种好奇心理，而揭露式标题则恰好可以抓住他们的这种心理，从而给观众传递一种莫名的兴奋感，充分引起观众的兴趣。运营者可以利用揭露式标题做一个长期的专栏，给自己的账号打上一个"揭露式视频"的标签，从而达到在一段时间内或者长期吸引短视频观众的目的。揭露式标题较易撰写，只需把握以下三个要点即可，如图 1-2-14 所示。

图 1-2-14　撰写揭露式标题的三个要点

　　运营者在撰写揭露式标题时，最好在标题文案中显示出冲突性和巨大的反差，这样可以有效吸引短视频观众的注意力，使他们认识到短视频内容的重要性，从而愿意主动点击查看短视频内容。实际上，揭露式标题和价值式标题有很多相同点，它们都提供了具有价值的信息，能够为短视频观众带来实际利益。当然，所有的标题形式实际上都是一样的，都带有自己的价值和特点，否则也无法激起短视频观众的兴趣。

8. 警告式标题

　　警告式标题常常通过发人深省的内容和严肃深沉的语调，给观众带来强烈的心理冲击，从而给他们留下深刻的印象。警告式标题是一种有力量且严肃的标题文案，同时给人以警醒作用，从而引起观众的高度注意。它通常会将以下三种内容移植到短视频标题文案中：警告某种事物的主要特征；警告某种事物的重要功能；警告某种事物的核心作用。这种夺人眼球的警告式标题应该如何构思和撰写呢？在这里分享以下三点技巧，如图 1-2-15 所示。

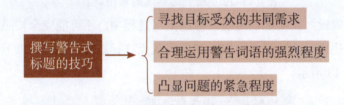

图 1-2-15　撰写警告式标题的技巧

　　在使用警告式标题时，需要注意是否与短视频内容相搭配，因为并不是每个短视频都可以使用这种类型的标题。警告式标题运用得恰当，能够为短视频加分，起到其他标题无法替代的作用；运用不当的话，很容易让观众产生反感情绪，甚至引起一些不必要的麻烦。因此，运营者在使用警告式标题时要小心谨慎，注意用词。

2.4　标题优化技巧

　　在制作短视频内容之前，首先应当明确短视频的主题是什么，并参考主题来拟定标题文案，使得标题与短视频所呈现出来的内容相吻合。无论短视频的主题内容是什么，最终目的都是吸引观众去观看、点赞、评论及转发，从而为账号带来流量。因此，掌握撰写有吸引力的短视频标题的技巧很有必要。

　　想要深入学习如何撰写爆款短视频标题，就要掌握爆款标题文案的特点。本节将围绕爆款标题文案的特点详细介绍五大优化技巧，帮助运营者更好地打造爆款短视频标题。

☞ 1. 标题不要过长

在智能手机或类似的电子产品多种多样的情况下，不同型号的电子设备，其字体大小不同，每一行显示的字数也不一样。一些图文信息在一部手机里看起来是一行，但在其他型号手机里或者字体大小不同可能就会变成两行，在这种情况下，标题中的有些关键信息就有可能被隐藏起来，不利于观众了解标题中的重点。如图 1-2-16 所示为抖音平台上的短视频播放界面，可以看到，界面中的部分标题文字因为字数太多，无法完全显示出来，所以标题的后方显示为省略号，需要点击"展开"按钮才能显示完整。观众看到这些标题后，可能难以在第一时间准确把握短视频的主要内容，这样一来，短视频标题也就很难发挥其应有的作用。

图 1-2-16　标题文字过长的示例

因此，在制作短视频的标题文案时，要有选择性地将重点内容和关键词呈现出来即可，标题本身就是短视频内容的精华提炼，字数过多会让观众抓不住重点，甚至会丧失观看短视频内容的兴趣。然而有些时候运营者也可以借助标题中的省略号激发观众的好奇心，让观众想要了解那些没有显示出来的内容是什么。不过这就需要运营者在撰写标题时把握好这个引人好奇的关键点了。

运营者在撰写短视频标题时要注意，标题应该尽量简短。俗话说"浓缩的就是精华"，越是短的句子，越容易被人接受和记住。运营者撰写短视频标题的目的就是要让观众更快地注意到标题，并被标题吸引，进而点击查看短视频内容，增加短视频的播放量。这就要求运营者撰写的短视频标题，要在最短的时间内吸引观众的注意力。

如果短视频标题中的文案过于冗长，就会让观众失去耐心，短视频标题也将难以达到很好的互动效果。通常来说，撰写简短标题需要把握好两点，即用词精练、用句简短。运营者在撰写短视频标题时，要注意标题用语的简短，切忌标题成分过于复杂。简短的标题会给观众更舒适的视觉感受，在查看标题内容时也更为方便。

☞ 2. 标题直击重点

在如今这个快节奏的时代，很少有人能够静下心来认真地品读一篇文章，细细咀嚼，慢慢回味。人们忙于工作、忙于生活，也就形成了所谓的快节奏，短视频标题也要与当今的快节奏相适应，要清楚直接，让观众一眼就能看见重点。

短视频标题的内容一旦过于复杂、过于冗长，便会给观众带来不好的观看体验。让一个人喜欢你可能很难，但是要让一个人讨厌你却很容易。短视频标题也是如此，一旦标题文案中的字数太多，结构过于复杂，观众看见这种标题时可能就会瞬间失去观看的兴趣。

标题的好坏直接影响到短视频播放量的高低，所以在撰写短视频标题时一定要突出重点，简洁明了，标题字数不要太多，最好能够做到朗朗上口，这样才能让观众在短时间内就能知道视频所呈现的内容是什么，相关示例如图1-2-17所示。

图1-2-17　简短且主题鲜明的标题示例

☞3. 满足大众需求

在短视频运营过程中，其文案内容撰写的目的主要在于告诉观众通过了解和关注短视频内容，能获得哪些方面的实用性知识或能得到哪些具有价值的信息。因此，为了提升短视频的点击量，运营者在写标题时应展现出其实用性，最大限度地吸引观众的眼球。

比如科普类的短视频账号，都会在短视频内容中科普一些生活小知识或者一些实用性的技巧，并在标题文案中将其展示出来，观众看到这类文案后，就会点击查看标题中所介绍的生活小知识。像这类具有实用性的短视频标题，运营者在撰写标题时就对短视频内容的实用性和视频受众做了说明，为那些需要相关方面知识的观众提供了实用性的解决方案，如图

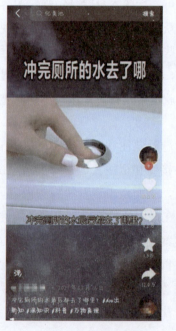

图1-2-18　实用性视频示例

1-2-18所示为相关示例。

可见，展现实用性的短视频标题，一般出现在专业的或者与生活常识相关的视频上。除了上面所说的关于科普的标题文案中展现其实用性，其他专业化的短视频平台或账号的标题也需要满足观众需求。比如，一些分享有关电脑知识的短视频，就会在短视频标题中将其实

用性展示出来，让观众能够快速了解这个短视频的目的是什么。

　　展现实用性的标题撰写原则是一种非常有效的引流方法，特别是对于那些在生活中遇到类似问题的观众而言，利用这一原则撰写的短视频标题非常受欢迎，因此通常更容易获得较高的流量。

　　如图 1-2-19 所示为两个有关电脑知识的短视频标题的示例，在这两个短视频标题中明确地展现了观众在使用电脑时遇到的问题。因此，观众看到这两个标题后，即使他们现在没有遇到这样的问题，但是他们可能会觉得短视频中的内容将来会对自己有用处，这样一来，他们也自然会更愿意查看短视频内容。

图 1-2-19　电脑知识示例

4. 表达通俗易懂

　　短视频的受众比较广泛，考虑到各方面因素，因此在语言上要尽可能地形象化、通俗化。从通俗化的角度而言，就是尽量少用华丽的辞藻和不实用的描述，照顾到绝大多数观众的语言理解能力，利用通俗易懂的语言来撰写标题。不符合观众口味的短视频文案，将很难吸引他们互动。为了实现短视频标题的通俗化，运营者可以重点从三个方面着手，如图 1-2-20 所示。

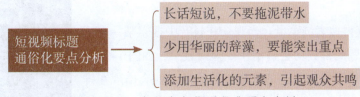

图 1-2-20　短视频标题通俗化要点分析

　　其中，添加生活化的元素是一种常用的、简单的将标题通俗化的方法，也是一种可行的营销宣传方法。利用这种方法，可以把专业性的、不易理解的词汇和道理通过生活元素形象、通俗地表达出来。总之，运营者在撰写短视频的标题文案时，要尽量通俗易懂，让观众看到标题后能立马理解其内容，从而让他们更好地接受短视频中的观点。

5. 避免形式单一

在短视频文案的写作中，标题的形式数不胜数，短视频运营者不能仅仅拘泥于几种常见的标题形式，因为普通的标题早已不能够吸引每天都在变化口味的观众了。那么，什么样的标题才能够引起观众的注意呢？以下三种做法比较具有实用性，而且能吸引观众的关注。

（1）在短视频标题文案中使用问句的形式，能在很大程度上激起观众的兴趣。例如，"努力后却失败了，那么这些努力到底算什么？""到目前为止，你最大的遗憾是什么？""熬夜是现代人的病还是药？"等，这些标题对于那些在特定方面有困扰的观众来说十分具有吸引力。

（2）短视频标题文案中的元素越详细越好，越是详细的信息对于那些需求紧迫的观众而言就越具有吸引力。

（3）要在短视频标题文案中，将能带给观众的利益明确地展示出来。观众在标题中看到有利于自身的东西，才会去注意和观看。所以，运营者在撰写标题文案时，要突显带给观众的利益，才能吸引他们的注意，让观众对文案内容产生兴趣，进而点击查看短视频内容。

2.5 话题的选择

☞ 1. 话题是什么

在抖音视频标题中，#符号后面的文字被称为话题，其作用是便于抖音将视频分类，以便于观众在点击话题后，可以快速找到同类话题视频。图 1-2-21 所示的标题中含有"超跑"的话题。因此，话题的核心作用是分类。

☞ 2. 为什么要添加话题

添加话题有以下两个优势。

（1）便于抖音精准推送视频。由于话题是比较重要的关键词，因此，抖音会依据视频标题中的话题，将其推送给浏览过此类话题的人群。

（2）便于获得搜索浏览量。当观众在抖音中搜索某一个话题时，添加此话题的视频均会显示在视频列表中，如图 1-2-22 所示。如果在这个话题下自己的视频较为优质，就会出现在排名较靠前的位置，从而获得曝光机会。

图 1-2-21 含有"超跑"的话题

图 1-2-22　"兰博基尼"话题集合

3. 如何添加话题

在手机端与电脑端均可添加话题。两者的区别是，在电脑端添加话题时，系统推荐的话题更多、信息更全面，这与手机屏幕较小、显示太多信息会影响发布视频的操作有一定关系，所以下面以手机端为主讲解发布视频添加话题的相关操作。

在手机端抖音创作服务平台上传一个视频后，抖音会根据视频内容和手动输入的文案自动推荐若干个标题，如图 1-2-23 所示。由于推荐的话题大多数情况下不够精准，所以可以输入视频的关键词，以查看更多推荐话题，如图 1-2-24 所示。

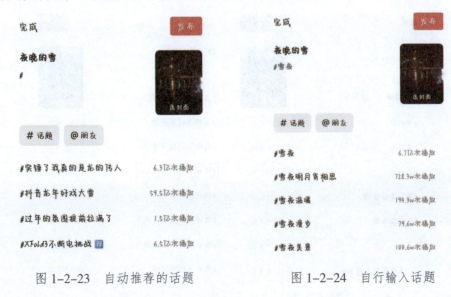

图 1-2-23　自动推荐的话题　　　　　　图 1-2-24　自行输入话题

可以在标题中添加多个话题，但要注意每个话题均会占用标题文字数量。如图 1-2-25 所示显示了标题和话题最大字数限制。

图 1-2-25　标题和话题最大字数限制

4. 话题选择技巧

在添加话题时，不建议选择播放量已经巨大的话题，除非对自己的视频质量有十足的信心。播放量巨大的话题，意味着与此相关的视频数量极为庞大，即使有观众通过搜索找到了话题，看到自己视频的概率也比较小。因此，建议选择播放量级还在数十万或数万的话题，以增加曝光概率。例如，在本例中"川崎 h2r"的播放量已达 10.8 亿，因此不如选择"陆地飞行器川崎 h2r"话题，如图 1-2-26 所示。

图 1-2-26　选择播放量相对较小的话题

5. 话题创建技巧

虽然抖音上的内容已经极其丰富，但仍然存在大量空白话题，因此可以创建与自己视频内容相关的话题。同理，还可以通过"地域＋行业"的形式创建话题，并不断发布视频，使话题成为当地用户的一个搜索入口，如图 1-2-27 所示。

图 1-2-27　以"地域＋行业"的形式创建话题

第3章 脚本文案范例

在短视频创作中，一旦主题确定，创作者将镜头所需呈现的画面内容清晰地描述出来并转化为表格或文字，确保拍摄和剪辑团队能够明确理解，是至关重要的。但这并不意味着在实际拍摄中可以完全自由发挥。相反，脚本作为整个创作过程的指导蓝图，应当被尊重和执行。它提供了一个明确的方向，使得整个团队能够围绕一个统一的目标来创作，从而确保最终作品的连贯性和吸引力。

下面通过列举五个脚本文案的范例，深刻理解和体会脚本文案，给予创作者一定的启发。

3.1 案例一：炸鲜奶

该案例对炸鲜奶的制作过程进行描述，加上视频开头和结束的画面，一共需要拍摄8个镜头，其脚本和文案如下所示。如图1-3-1至图1-3-8所示为可参考的画面图。

文案：快过期的纯牛奶还可以这样做成一道美食——炸鲜奶。

脚本：如表1-3-1所示。

表1-3-1 炸鲜奶脚本

场景	镜头	画面	景别	角度	拍摄技巧	台词	时间/秒	音效
厨房	1	将已经做好的炸酸奶装盘	全景	俯拍	固定镜头	炸鲜奶	1	背景音乐
厨房	2	将牛奶、白糖、淀粉倒入锅中	近景	俯拍	固定镜头	倒入500 mL牛奶，60 g淀粉，40 g糖	2	背景音乐，牛奶音效
厨房	3	将煮好的牛奶倒入模具中	特写	俯拍	固定镜头	将黏稠状牛奶倒入模具，冷藏凝固	3	背景音乐
厨房	4	将凝固好的牛奶切块	特写	俯拍	跟镜头	凝固后切小块	4	背景音乐，牛奶音效
厨房	5	切好的奶条与其余配料放在一起	全景	俯拍	摇镜头	无	3	背景音乐
厨房	6	让其余配料包裹奶条	特写	俯拍	固定镜头	将玉米淀粉、面包糠、鸡蛋液均匀包裹在奶条外围	5	无
厨房	7	将包裹好配料的面包条放入油锅中	近景	俯拍	固定镜头	无	3	热油音效
厨房	8	全部炸好的酸奶条放在盒子中	全景	平拍	平移镜头	无	2	背景音乐

炸鲜奶

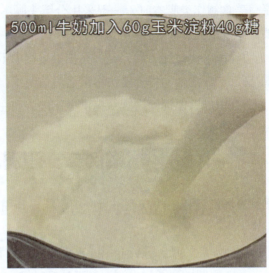

500ml牛奶加入60g玉米淀粉40g糖

图 1-3-1 镜头 1　　　　　　　图 1-3-2 镜头 2

冷藏凝固

凝固后切小块

准备一些玉米淀粉，一个鸡蛋，适量面包糠

图 1-3-3 镜头 3　　　图 1-3-4 镜头 4　　　图 1-3-5 镜头 5

均匀裹上面包糠

六成油温

图 1-3-6 镜头 6　　　图 1-3-7 镜头 7　　　图 1-3-8 镜头 8

在撰写美食制作类脚本时，一般采用分镜头脚本，把素材按照基本的时间节点进行编排组合，要注意以下三点内容：

（1）明确所需食材和工具，确保在拍摄过程中不会出现材料不足或工具不匹配的情况。

（2）烹饪步骤清晰，每个镜头尽可能简洁明了，避免过于复杂或模糊的表述。

（3）适当添加解说词，为观众提供操作细节和注意事项。

3.2 案例二：涠洲岛景点攻略

该案例对涠洲岛特色的景点进行介绍，能提升用户对涠洲岛的好感，让用户想要去涠洲岛一探究竟。

主题：对涠洲岛的景点进行介绍，进而向用户推荐。

文案：五一假期快到了，去涠洲岛正是好时候，快叫上你的那个她一起来涠洲岛吧！

脚本：主要包括景点线、拍摄场景和台词，具体的脚本内容如表1-3-2所示。

表1-3-2 涠洲岛景点攻略脚本

景点线	拍摄场景	台词
开头	旅途的精彩片段	五一假期去涠洲岛怎么才能花钱少又玩得舒服呢？这份拒绝踩坑的攻略请收好
交通	机场场景 高铁场景 船上风景 电动车	飞机一定要直飞南宁，比直飞北海要便宜好几百 在南宁坐高铁到北海只需58元 去涠洲岛的船票和门票一定要提前买 上岛第一件事就是先花40元租一辆"小电驴"，充满电，想去的地方都能到达
看日出	日出场景	想看日出就去五彩滩，这里拍照非常出片
看日落	日落场景	想看日落就去南桥，这里有一座可以"通往海中央的桥"，鳄鱼山一定要去，因为这是岛上最美的景区，清澈的海水，标志性灯塔建筑，还有火山喷发留下的遗址
饮食	餐厅海鲜展柜，介绍几道菜品	在海边一定要吃的就是海鲜鱿鱼，之前听说海鲜各种踩雷，所以特意做了攻略
其他景点	教堂内景	涠洲岛除了大海，还有一所百年教堂，哥特式建筑风格，仿佛走进了一片远离闹市的净土
结尾	美景	这样的绝美海岛你想带谁来？

对于纪实拍摄，如景点讲解类、采访类、美食探访类等可以采用提纲脚本，在拍摄之前对将要拍摄的现场和事件情况并没有太可靠的把握，因此无法做到非常精准的策划预案。如果没有预案，拍摄出的视频逻辑性会非常差，因此根据将要拍摄的现场或事件可能发生的过程，把必须拍摄的要点写成拍摄过程以保证视频的质量。

在撰写文案时，要在开头三秒内吸引到用户。在本案例中，用"花钱少""玩得舒服"这两个词吸引了五一期间不知道如何安排旅游的人们。在介绍景点时，除了要描述景点的情况，还要说明景点值得看的理由，勾起观众想去的欲望。在最后，用疑问句引发用户的思考和对美好旅行的向往。

3.3　案例三：小米 14 手机测试

该案例是测评类的短视频案例，以常见的手机测试短视频为例，对小米 14 手机的外观、界面、拍照功能、游戏测试以及续航能力进行测试，让用户对小米 14 有更深的了解。如图 1-3-9 至图 1-3-16 所示为可参考的画面图。

文案：不完美，但值得！小米 14 卖得这么好是有原因的。

脚本：如表 1-3-3 所示。

表 1-3-3　小米 14 手机测试脚本

镜头	具体任务	台词
1	拆封新手机	刚到货的小米 14，今天为大家测试一下这款手机的性能怎么样，到底值不值得入手
2	描述手机外观	手机外观简约而不失时尚，机身小巧轻薄视觉效果不错等
3	描述系统界面	这款手机搭载了最新的操作系统，操作流畅，功能丰富
4	拍照测试并展示拍摄样张	成像和对焦都比较快，白平衡一致性控制得不错，但广角画质一般，拍摄样张的色彩还原度很高
5	进行游戏测试	游戏体验方面运行流畅，不卡顿，散热表现良好，马达震感体验不错
6	续航能力测试	电池容量大，充电速度快能满足日常使用需求
7	总结手机优缺点	总体来说，小米 14 具有机身小巧、性能出色、影像优秀等优点，但也存在一些不足之处
8	给出购买建议	若你对拍照、性能和外观有较高要求的，小米 14 值得入手

图 1-3-9　镜头 1

图 1-3-10　镜头 2

图 1-3-11　镜头 3

图 1-3-12　镜头 4

图 1-3-13　镜头 5

图 1-3-14　镜头 6

图 1-3-15　镜头 7

图 1-3-16　镜头 8

　　像这种测评类的或者是教学视频、拆快递视频等，不需要剧情的短视频创作可以用文学脚本来撰写。这种只需要规定人、物需要做的任务、说的台词、选用的镜头和节目时长即可。因此，这种视频的脚本公式为：分享主题 + 实操分享 + 成果展示。

　　这类视频的重点集中在画面上，旁白文案需要尽量口语化，用户理解起来更容易，尽量讲干货，表达核心内容，不要铺垫太多，不要讲与主题无关的内容。视频创作时以具体实操画面为主，旁白讲解为辅，并结合具体的剪辑手法。

3.4　案例四：爱情的惊喜

　　该案例讲述一个女生在生日那天收到了男友送的外卖，里面是一只小狗，原来是男友给她准备的惊喜。但是惊喜还没结束，男友还有更大的惊喜等着她，让她感动又害怕。这是一个充满搞笑和浪漫的爱情故事。

　　文案：最好的礼物从来不是某样东西，而是意料之中的温暖和出其不意的惊喜。

　　脚本：如表 1-3-4 所示。

表 1-3-4　《爱情的惊喜》剧本短视频脚本

镜头	景别	画面	对话	背景音乐
1	特写	女生打开门拿外卖，外卖小哥递过来一个大纸箱，女生疑惑地打开纸箱	外卖小哥：不好意思，我来晚了，因为电梯坏了，所以我是爬楼梯上来的。 女生：没事儿，我就是因为知道电梯坏了，所以才叫的外卖	无

续表

镜头	景别	画面	对话	背景音乐
2	中景	女生抱着纸箱走进客厅，打开纸箱，里面是一只小狗，小狗摇着尾巴朝女生叫	女生：啊？这是什么？（惊讶）	无
3	特写	女生拿出手机，看到外卖小票上写着"祝你生日快乐"，然后看到手机上有一条男友的语音消息	男友：亲爱的，今天是你的生日，我给你准备了一个惊喜，快去看看吧（温柔）	生日快乐歌曲
4	中景	女生听完语音消息，眼泪夺眶而出，抱住小狗哭泣	女生：谢谢你，我好想你（感动）	生日快乐歌曲
5	特写	小狗在女生怀里挣扎，从女生手里掉下来，落在地上	小狗：汪汪汪！（惊恐）	生日快乐歌曲停止
6	中景	女生惊呼，弯腰去捡小狗，发现小狗身上有一张纸条，上面写着"开玩笑的，这只是个玩具狗"，然后看到沙发上有一个真正的小狗在睡觉	女生：啊？这是什么？（震惊）	搞笑音效
7	特写	女生拿出手机，看到男友又发来一条语音消息	男友：哈哈哈，被我骗了吧？这只是只玩具狗，真正的小狗在沙发上呢。祝你生日快乐啊（调皮）	搞笑音效
8	中景	女生气愤地扔掉手机和玩具狗，跑去抱住真正的小狗，在小狗耳边说话	女生：你这个坏蛋！等我见到你，一定要好好教训你！（生气）	搞笑音效
9	特写	小狗睁开眼睛，看着女生，突然张开口嘴，说话	小狗：我也想你（甜蜜）	惊喜音效
10	中景	女生惊呆，松开小狗，后退一步，看着小狗	女生：啊？这是什么？（惊恐）	惊喜音效
11	特写	小狗摇摇头，摇掉身上的毛皮，露出男友的脸，对女生笑	男友：我是你的男友呀（温柔）	惊喜音效
12	中景	女生尖叫，晕倒在地上	女生：啊！（尖叫）	惊喜音效
13	特写	男友从沙发上站起来，走到女生身边，弯腰抱起女生，亲吻她的额头	男友：我爱你（深情）	浪漫音乐
14	远景	镜头拉远，显示出整个客厅的场景，墙上有一幅画，画上写着"祝你生日快乐"和"我要娶你"字样，画下面有一束鲜花和一个戒指盒子	无	浪漫音乐

对于剧情类的短视频，要注重"黄金三秒"原则，开头引入主题，利用反转、夸大等方式，充分调动用户好奇心，在情节上多设计一些反转或者包袱，避免视频单调乏味。

剧情知识类视频，一个视频就是一个小故事，最重要的是故事要有起伏转折，不能太平淡。用户的注意力本来就分散，如果没办法一直抓住他们的注意力，用户很难继续看下去。

3.5 案例五：日常生活 vlog

该案例是主人公从早上起床到准备去上班这段时间所做的事情的记录，向用户分享自己的日常生活。

文案：自律的小生活真的很上瘾。

脚本：如表 1-3-5 所示。

表 1-3-5 日常生活 vlog 脚本

拍摄地点	镜头	景别	角度	画面	旁白	特效字幕	音效	时长/秒
卧室床	1	全景	仰拍	人物坐在床上看手机，准备起床	周一 7：00	早上好		5
卧室窗户	2	中景	平拍	拉开窗帘，阳光照射进屋内	欢迎大家观看在新家的第一个日常			3
餐厅	3	全景	平拍	人物拿着碗、燕麦走向餐桌前	打工人的通勤 vlog	通勤 vlog		4
餐桌	4	中景	侧拍	打开燕麦	这个燕麦最近觉得吃起来不错			2
餐桌	5	近景	俯拍	把酸奶倒入碗里，再加入燕麦	搭配酸奶、牛奶都很好吃			3
餐桌	6	特写	俯拍	在酸奶里再加一点蓝莓做点缀	我比较喜欢再加一点蓝莓一起吃	绝配		4
客厅	7	全景	平拍	拿出投影仪在客厅进行投放	临上班前再稍微运动一下			3
客厅	8	中景	仰拍	跟着视频做运动	这样会让一天精神满满			10
客厅	9	近景	仰拍	拿着镜头给大家展示出的汗	大家可以尝试一下	帕梅拉 yyds		5
卧室	10	近景	仰拍	对着镜头开始化妆	上班也要打扮精致一些，这样自己看到也会很开心			10

拍摄地点	镜头	景别	角度	画面	旁白	特效字幕	音效	时长/秒
卧室	11	特写	平拍	对着镜头展示最近很喜欢的口红色号	最近发现了一个很喜欢的口红，很适合秋冬	铁梨色		4
卧室	12	近景	仰拍	拿着一瓶香水展示，喷这个香水出门	周一也要元气满满，就喷这个香水吧			3
客厅镜子	13	中景	仰拍	拿着手机前置拍摄镜子的今日穿搭	晚上还和朋友约好了一起吃饭，穿得优雅一点	OOTD		6
门口	14	近景	俯拍	拿着包包，打开门把手，出门	出发，去上班	开启一天		3

记录日常生活 vlog 是一种表达和分享的方式，同时也是记录自己生活点滴的方式。在撰写脚本时，需要注意以下五点。

（1）内容简洁明了。对于 vlog 脚本而言不需要太多的文字，要让观众能够一眼看清楚你想表达的内容。

（2）要有一定的幽默感。幽默感是一个好的 vlog 脚本必备的元素，可以让观众产生共鸣。

（3）日常 vlog 记录要真实。vlog 脚本要真实，要让观众感受到你的生活真实、有趣。

（4）要控制好节奏。vlog 脚本要有一个好的节奏感，不能让观众感到无聊。

（5）一般日常 vlog 按照时间顺序进行叙事。

第 ② 部分 视频拍摄

在视频制作中，拍摄环节无疑是至关重要的。它不仅决定了视频素材的质量，也决定了最终作品的观赏性和吸引力。为了确保拍摄出高质量、引人入胜的视频素材，摄影师需要精心运用各种拍摄方法和技巧。

在拍摄之前，首先，摄影师应该清楚地了解拍摄的主题、目的和受众群体，这有助于确定拍摄风格、选择合适的场景和角度。其次，选择合适的拍摄设备也是至关重要的。不同的拍摄设备具有不同的特点和优势，摄影师需要根据拍摄目标和场景来选择合适的设备。再次，摄影师还需要掌握并运用各种拍摄技巧。这包括光线掌控、构图技巧、色彩运用等。光线掌控是拍摄中最为关键的技巧之一，摄影师需要灵活运用光线，创造出合适的光线环境和光影效果。构图技巧则能够帮助摄影师在有限的画面内，合理安排元素和布局，使画面更加美观、和谐。色彩运用则能够影响观众的情绪和感受，摄影师需要根据拍摄主题和氛围来选择合适的色彩搭配。最后，拍摄角度和运镜方式在视频拍摄中同样是两个至关重要的元素。它们不仅能够塑造观众对场景和角色的感知，还能够传达摄影师的情感和意图。

综上所述，视频拍摄过程中，摄影师需要明确拍摄目标、选择合适的拍摄设备、掌握并运用各种拍摄技巧。这些环节相互关联、相互促进，共同构成了高质量视频制作的流程。只有在这些方面都做得到位，才能打造出令人惊叹的视觉效果，让观众沉浸其中。

第1章　拍摄前的准备工作

1.1　选择拍摄主题

拍摄主题是短视频的核心，它决定了整个作品的方向和风格。选择一个合适的主题至关重要。

在确定主题之前，我们需要深入思考自己的兴趣爱好和擅长领域。我们从自身的热爱出发，能够在创作过程中保持热情和动力。通过将自己的兴趣转化为主题，可以更自然地展现个人风格和特色。了解目标受众的需求和喜好也是至关重要的。不同的受众群体对主题的偏好各不相同，我们需要明确我们的目标受众是谁，他们的兴趣点在哪里。这样可以让我们的作品更容易引起观众的共鸣，吸引更多的关注。

关注市场趋势和热点话题也是选择主题的一个重要方向。紧跟时代步伐，捕捉当下热门的话题和趋势，能够让我们的作品更容易吸引观众的注意力。然而，在追求热点的同时，也要注意保持独特性。寻找独特的视角和切入点，展现与众不同的创意和思路，避免作品陷入平庸。

除了以上因素，主题的可持续性也需要考虑。选择一个能够长期创作的主题，可以建立稳定的受众群体，积累更多的粉丝。

在选择主题时，还需要考虑以下四个方面。

（1）内容价值：主题是否能够提供有价值的信息、知识或娱乐。

（2）可行性：是否有足够的资源和能力来创作相关内容。

（3）创新性：是否能够在同类主题中脱颖而出。

（4）自身经验和知识储备：是否具备相关的经验和知识，以便能够深入挖掘主题。

总之，选择一个合适的拍摄主题需要综合考虑多方面的因素。一个好的主题不仅能够吸引观众的注意力，还能够让我们在创作过程中保持热情和动力。

1.2　选择拍摄设备

工欲善其事，必先利其器。高质量的视频作品往往需要借助一些专业设备来完成，拍摄设备决定了最终画面的质量，同时针对不同的场景，需要用到不同的拍摄设备。在拍摄短视频之前，必须选择合适的设备。合适的拍摄设备可以让你在拍摄过程中更加得心应手。拍摄短视频的设备有很多，常用的有手机、相机等。

短视频创作是一条需要多练习、多尝试才能不断进步的道路。我们可以在这个过程中，根据自身专业水平的提升，选择更专业的拍摄工具。同时我们也要明白，适合自己的才是最好的。因此，在选择拍摄工具时，在相同配置的前提下，我们应该选择那些我们熟悉并能够灵活运用的工具，这样才能在拍摄时得心应手。

1. 手机

对于许多初学者和摄影爱好者来说，拍摄短视频可能是一项既令人兴奋又充满挑战的任务。然而，随着手机摄影技术的不断进步，手机摄影无疑为摄影爱好者们提供了一个更加便捷、经济、高效的创作平台，让他们能够随时随地记录生活、分享美好。

（1）安卓手机

摄像功能的不断提升一直是安卓手机的特点之一。安卓手机在拍摄方面兼顾各种功能，并在吸收多数优点之上进行创新。目前，安卓手机摄影功能的特点如下。

自带修图功能：安卓手机的原生相机提供了方便好用的色彩调整方案，可以满足绝大多数普通手机用户的要求。安卓手机拍摄功能的优点在于自带修图功能，没有过度美颜，这就省去了后续利用剪辑软件修饰的时间，使视频拍摄者的工作效率大大提升。原生相机的滤镜往往是精挑细选出来的，厂商通常还会起一些特别好听的名字，比如"落日""龙舌兰""山丘"等，如图 2-1-1 所示。使用时可以直接套用，只需要根据自己的要求调节强度即可。我们可以在拍摄模式中选择自己喜欢的风格，其中的滤镜、美颜选项能够满足绝大多数场景的拍摄需求。

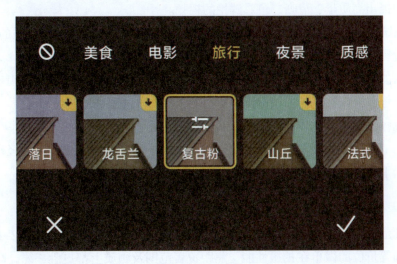

图 2-1-1　滤镜

可以模拟单反相机，打造超广角效果：有些安卓手机搭配大底主摄像头，拍摄夜景十分清晰，此外还具有变焦功能。有些安卓手机的相机有专业模式，能模拟单反相机的参数效果，如感光度、快门速度等，如图 2-1-2 所示。调节为专业模式后，我们可以模拟单反相机的参数，再搭配超广角镜头，拍摄某些场景时效果十分出众。

图 2-1-2　专业模式

视频优化和超级防抖：这里所说的视频优化多指相机功能中的趣味玩法。手机配备多种型号的图像传感器，手机厂商尽可能将传感器成像调到最佳状态。用户无论是使用专业模式还是防抖功能，借助手机原生相机和第三方编辑软件，都可以获得理想、稳定的画面和有趣的拍摄体验。

（2）苹果手机

苹果手机摄影功能特点如下。

优质的摄像头和图像处理技术：苹果手机配备了优质的摄像头和先进的图像处理技术，使用户能够拍摄出高质量、清晰、色彩鲜艳的视频。

稳定的系统和应用生态：iOS 系统以其稳定性和流畅性而闻名，结合了优质的硬件和软件，保证了拍摄过程中的稳定性和流畅性，用户可以更加专注于拍摄内容。

直观简洁的相机应用：苹果手机的相机应用具有直观简洁的界面设计，用户可以轻松地通过简单的手势和操作实现各种拍摄设置和功能，使拍摄过程更加顺畅和便捷。

流畅的视频编辑和分享体验：苹果手机提供了丰富多样的视频编辑和分享功能，用户可以通过内置的 iMovie 应用或第三方应用进行视频剪辑、特效添加等操作，并轻松分享到社交媒体或云存储平台。

☞ 2. 微单相机

微单相机是大多数 vlog 拍摄者的不二选择，集便携和专业于一体，如图 2-1-3 所示。与手机相比，同等价位的微单在拍摄性能、焦距覆盖范围及画质上都更胜一筹，高端微单相机还能满足专业摄影的需求。对于新手 vlog 博主来说，在提高了摄影水平并积累一定的拍摄经验后，可以选择购买微单相机。以下是微单相机在视频拍摄方面的特点。

卓越的图像质量：微单相机通常配备较大的传感器，比一般的便携式数码相机要大，这意味着它们能够捕捉更多的光线和细节，产生更清晰、更细腻的视频画面。

更换镜头的灵活性：微单相机通常采用可更换镜头设计，用户可以根据拍摄需求选择不同种类的镜头，如广角、标准、长焦等，以实现不同场景的拍摄效果。

轻巧便携：微单相机轻巧便携，方便携带和移动，适合户外拍摄和行动拍摄。

快速而精准的自动对焦：微单相机通常配备先进的自动对焦系统，能够快速而精准地对焦，帮助用户捕捉运动或快速变化的场景。

视频录制功能强大：微单相机具有出色的视频录制功能，通常支持高清甚至 4K 视频录制，同时提供多种视频拍摄模式和特效，如慢动作、延时摄影等，帮助用户实现丰富多样的拍摄效果。

专业级的手动控制：微单相机通常提供丰富的手动控制选项，如快门速度、光圈、相机的感光度（ISO）等，使用户能够更加精确地控制拍摄参数，实现个性化的拍摄效果。

图 2-1-3　微单相机

总的来说，微单相机以其卓越的图像质量、灵活的镜头更换、轻便的机身设计和强大的视频录制功能，成为许多专业摄影师和视频制作者的首选。无论是户外拍摄还是纪录片拍摄，微单相机都能够满足用户的需求，并帮助他们拍摄出优质的视频。

3. 单反相机

单反相机作为摄影和视频制作领域中常见的专业级摄像设备之一，如图 2-1-4 所示，它与微单相机有着截然不同的特点和优势，使其在特定场景下成为专业摄影师和视频制作者的不可替代的选择。以下是单反相机在视频拍摄方面的特点。

光学取景器：单反相机采用光学取景器，通过镜头反射来观察场景，这使得用户在拍摄过程中可以直接看到真实场景，不会有延迟或者失真的情况发生，有利于捕捉动态和细节。

更大的机身和稳定性：单反相机通常拥有更大的机身，这使得它们更稳定、更易于抓握，有利于长时间的持续拍摄，适合对稳定性要求较高的拍摄任务。

更丰富的镜头选择和更高的镜头品质：单反相机配备了更丰富、更专业的镜头系统，用户可以根据需要选择各种不同种类的镜头，如广角、标准、长焦等，以实现更丰富多样的拍摄效果，同时单反镜头的品质也通常更高，能够提供更清晰、更锐利的画面。

用户的需求，并帮助他们拍摄出优质的视频。

图 2-1-4　单反相机

更强大的手动控制和更多的拍摄选项：单反相机提供了比微单相机更丰富、更精细的手动控制选项，用户可以根据自己的需要调整拍摄参数，除了快门速度、光圈、ISO 等，还提供更多的拍摄模式和特效选项，如高动态范围成像（HDR）、多重曝光等，使用户能够实现更加个性化、创意化的拍摄。

专业级的音频录制功能：单反相机通常配备了专业级的音频录制设备，如高品质的麦克风输入接口和音频控制选项，能够实现高质量的音频录制和监控，有利于用户在拍摄过程中捕捉清晰、逼真的声音效果，提升视频的质量和观感。

单反相机以其独特的光学取景器、更大的机身和稳定性、丰富的镜头选择和更高的镜头品质、强大的手动控制和更多的拍摄选项，以及专业级的音频录制功能，成为许多专业摄影师和视频制作者的首选。无论是商业广告、电影制作还是纪录片拍摄，单反相机都能够满足

1.3 稳固拍摄设备

1. 三脚架

在视频拍摄的过程中，三脚架无疑是一种不可或缺的重要辅助工具，如图 2-1-5 所示。它为摄影师提供了稳定的支撑，确保了拍摄画面的稳定性，避免因手持摄影而产生的晃动和抖动，极大地提高了视频的质量和观感。稳定的画面是保证视频质量的关键，三脚架通过其坚固的支撑结构，为摄像机提供了稳定的拍摄平台，使得摄影师即使在复杂多变的拍摄环境中，也能够轻松地保持画面的稳定。

三脚架能够帮助摄影师进行精确的构图和拍摄角度调整。通过调整三脚架的高度和角度，摄影师可以轻松地实现各种复杂的拍摄需求。同时，选择合适的三脚架是至关重要的。不同的拍摄环境和拍摄需求，需要不同类型的三脚架。例如，对于需要快速移动和调整的拍摄场景，摄影师可以选择轻便、易携带的碳纤维三脚架；而对于需要承受较重负载的拍摄任务，则需要选择更加稳固、结实的三脚架。

此外，正确地安装和调节三脚架也是非常重要的。在安装三脚架时，摄影师需要确保每一个部件都安装到位，以确保三脚架的稳定性和安全性。在调节三脚架时，摄影师需要根据拍摄需求，精确地调整三脚架的高度和角度，以实现最佳的拍摄效果。

图 2-1-5　三脚架

2. 稳定器

在视频拍摄的广阔天地中，稳定器如同一位无声的舞者，轻盈地穿梭在镜头之间，将那

些微小的晃动化为无形，为观众带来流畅而稳定的视觉体验。稳定器的重要性不言而喻，它如同摄像师的得力助手，帮助他们在各种复杂环境下捕捉到清晰、稳定的画面，如图 2-1-6 和图 2-1-7 所示分别为手机云台、相机云台。

稳定器的核心功能在于其减震和稳定性能。无论是手持摄像机拍摄，还是将摄像机安装在移动设备上，由于各种不可控因素，如摄影师的手部微小晃动、地面不平等，都会导致画面出现抖动。而稳定器则能够通过其内置的陀螺仪和电机系统，实时监测并补偿这些微小的晃动，使画面始终保持稳定。

此外，稳定器还具备一些高级功能，如智能跟踪、运动模式等，这些功能在视频拍摄中的应用更加广泛。智能跟踪功能可以帮助摄像师自动锁定目标，确保镜头始终跟随目标移动，为观众带来更加连贯的视觉体验。而运动模式则可以在拍摄快速移动的物体时，自动调整稳定器的参数，确保画面始终保持清晰和稳定。

稳定器在视频拍摄中扮演着举足轻重的角色。它不仅提高了视频的稳定性和质量，还为摄像师带来了更多的创作自由和可能性。随着技术的不断进步和创新，稳定器将会在视频拍摄中发挥更加重要的作用，为观众带来更加精彩和震撼的视觉盛宴。

图 2-1-6　手机云台　　　　　　　　图 2-1-7　相机云台

1.4　选择灯光设备

在选择灯光设备时，摄影师必须深思熟虑其对视频质量和拍摄效果的影响。灯光在摄影中扮演着至关重要的角色，它不仅能够确保画面的清晰度，还能为视频注入特定的氛围和情绪。

首先，摄影师需要明确拍摄的目的和主题，从而选择适合的灯光设备。例如，在拍摄一部浪漫的爱情片时，摄影可能会选择柔和、温暖的灯光来营造浪漫的氛围；而在拍摄一部悬疑片时，则可能需要选择冷色调、对比强烈的灯光来营造紧张的氛围。其次，摄影师还需要考虑灯光的布局和角度，恰当的灯光布局能够突出拍摄对象的特点，使其更加立体和生动，而灯光的角度则能够影响画面的阴影和光影效果，为视频增添层次感和深度。最后，摄影师还需要注意灯光的强度和色彩，过强的灯光可能会使画面显得过于刺眼，而过弱的灯光则可能导致画面暗淡无光。色彩的选择也非常重要，它能够影响观众的心理感受，营造出不同的情绪和氛围。

在拍摄现场，摄影师可能需要根据实际情况调整灯光的强度和角度，因此选择具有可控性的灯光设备非常重要。如果拍摄地点需要频繁更换，那么选择轻便易携的灯光设备则更加合适。

1. 补光灯

在短视频拍摄中，补光灯的使用是至关重要的。它不仅能够提供足够的光照度，让画面更加明亮，还能帮助摄影师创造出不同的拍摄氛围，让视频更具艺术感，如图 2-1-8 所示。除了常见的发光二极管（LED）补光灯和常亮灯，现在还有各种形状和尺寸的补光灯可供选择，如环形灯、球形灯等，这些灯光设备都可以为拍摄提供丰富的光影效果。

除了放置在拍摄主体的侧面，补光灯还可以放置在拍摄主体的正前方或正后方，以创造出不同的光影效果。例如，将补光灯放置在拍摄主体的正前方，可以营造出明亮、清新的感觉；而将补光灯放置在拍摄主体的正后方，则可以营造出梦幻、神秘的感觉。

此外，给补光灯添加色板也是一种常用的拍摄技巧。通过添加不同颜色的色板，可以改变补光灯的色温，从而营造出不同的拍摄氛围。例如，添加蓝色色板可以让画面呈现出冷静、清新的感觉，而添加红色色板则可以让画面呈现出热烈、浪漫的感觉。通过合理地使用补光灯，摄影师可以轻松地营造出不同的拍摄氛围，让视频更加生动、有趣。

图 2-1-8　补光灯的照明对比

2. 常亮灯

常亮灯是影棚中常用的灯光，它可以通过自身配件调整角度，将光线打在需要的位置上。

　　常亮灯的应用非常广泛，无论是商业摄影、人像摄影还是影视制作，都会用到它。尽管现代科技的进步让许多摄影设备变得更智能化和易于操作，但常亮灯仍以其独特魅力在摄影行业占据一席之地。

　　在商业摄影中，常亮灯通常用于拍摄产品照片。由于其光线稳定、色彩还原度高，可以确保产品照片色彩鲜艳、细节清晰。同时，摄影师可以根据需要调整常亮灯的角度和亮度，以达到最佳效果，如图 2-1-9 所示。

　　在人像摄影中，常亮灯则更多地用于营造柔和、自然的光线环境。摄影师可以利用常亮灯将被摄主体置于光线充足的环境中，营造温馨、舒适的氛围。此外，还可以与闪光灯配合使用，调控两者混合光线，实现更丰富的光影效果。

图 2-1-9　常亮灯

☞ 3. 棒灯

　　棒灯，亦被称为棒形补光灯，是现代摄影和影视制作中不可或缺的重要设备之一。它由两大核心部分组成：灯组和控制模块。灯组是棒灯的主体部分，由多个 LED 灯珠紧密排列而成，这些灯珠如同小小的星星，汇聚在一起散发出明亮的光。

　　相较于常见的环形补光灯，棒灯的打光面显得不那么均匀，如图 2-1-10 所示。然而，这恰恰成了它的一大特色。棒灯多用于侧位辅助照明，当它被放置在拍摄对象的侧面或特定区域时，能够产生出色的局部照明效果。这种非均匀的照明方式，为摄影师提供了更多的创作空间，使画面更具层次感和立体感。

　　此外，现代的棒灯设计更是融入了多种彩色模式和特效模式，以满足不同拍摄场景的需求。在彩色模式下，摄影师可以根据自己的创意，设置出各种不同的灯光颜色，从而营造出丰富多彩的氛围和情绪，如图 2-1-11 所示。而在特效模式下，棒灯则能够模拟出各种逼真的灯光效果，如雷电的光效、警车灯的闪烁等，为影视作品增添了更多的动感和真实感。

　　棒灯的这些独特功能和多样化的应用，使得它在摄影和影视制作领域得到了广泛应用。无论是拍摄电影、电视剧，还是进行广告拍摄、人像摄影，棒灯都能够为摄影师提供强大的光线支持，帮助他们创造出更加生动、真实的画面效果。同时，随着科技的不断进步和创新，我们相信棒灯在未来还会有更多的可能性，为摄影和影视制作带来更多的惊喜和突破。

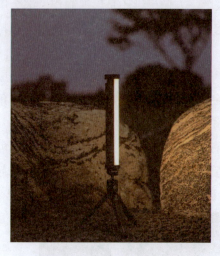
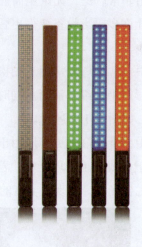

图 2-1-10　棒形补光灯　　　　　图 2-1-11　不同颜色的棒灯

4.闪光灯

闪光灯作为一种重要的补光设备，在摄影中发挥着至关重要的作用。它不仅能够在昏暗的环境中保证拍摄画面的清晰明亮，而且在户外拍摄时，还可以作为辅助光源，强调皮肤的色调，为作品增添独特的魅力。此外，摄影师还可以通过闪光灯布置特殊效果，创造出更多富有创意和艺术感的作品。

闪光灯在昏暗环境中有补光作用。在光线不足的情况下，摄影师通常会借助闪光灯来照亮拍摄对象，使得画面更加明亮、清晰，如图 2-1-12 所示。闪光灯具有瞬间高亮度的特点，能够在短时间内提供大量的光线，从而有效地弥补环境光线的不足。例如，在夜晚或室内暗光环境下拍摄人像时，使用闪光灯，可以使得人物面部细节更加清晰，肤色更加自然，从而营造出一种温馨、浪漫的氛围。

闪光灯在户外拍摄时也能发挥重要作用。在户外拍摄时，由于自然光线的变化，摄影师有时需要借助闪光灯来强调皮肤的色调，使画面更加生动、立体。此外，通过使用闪光灯，摄影师还可以营造出逆光、侧光等特殊的光影效果，为作品增添独特的艺术气息。例如，在拍摄人像时，调整闪光灯的角度和亮度，可以使得人物的轮廓更加清晰，背景更加虚化，从而突出人物的主体地位。

此外，闪光灯还可以根据摄影师的要求设置特殊效果。摄影师可以通过调整闪光灯

图 2-1-12　闪光灯

的位置、角度和亮度等参数，创造出各种不同的光影效果，如阴影、反光、投影等，为作品增添更多的层次感和视觉效果。这些特殊效果不仅可以增强作品的艺术感染力，还可以让观众更好地理解和感受摄影师所表达的主题和情感。

1.5　选择收音设备

选择适当的收音设备对于视频拍摄的成功至关重要，因为它决定了观众是否能够清晰、准确地听到对话、背景音和其他重要的音频元素。优秀的音频质量不仅优化了观众的观看体验，还能提升视频的整体质量，使其更具吸引力和影响力。以下是一些常见的收音设备，它们在视频拍摄中发挥着关键作用。

1. 内置麦克风

许多相机都配备了高质量的内置麦克风，如图 2-1-13 所示，它们通常位于设备的顶部或侧面。这些麦克风通常适用于短距离录音，例如在采访或小型活动中。然而，它们的性能可能会受到风噪、环境噪声和其他干扰因素的影响。

图 2-1-13　配置有内置麦克风相机

2. 外部麦克风

外部麦克风通常比内置麦克风更加灵敏，能够捕捉更广泛的音频范围，并提供更好的音质，如图 2-1-14 所示。常见的外部麦克风类型包括枪式麦克风、领夹式麦克风和反射式麦克风。枪式麦克风通常用于捕捉远距离的音频，而领夹式麦克风则适用于采访或演讲时的录音。反射式麦克风则适用于捕捉环境声音或音乐表演时的声音。

3. 无线麦克风

无线麦克风通常由发射器（连接到音频源）和接收器（连接到录音设备）组成，通过无线信号传输音频，如图 2-1-15 所示。无线麦克风非常适合在移动拍摄或大型活动中使用，因为它们提供了更大的灵活性，减少了线路和电缆的束缚。

图 2-1-14　枪式麦克风

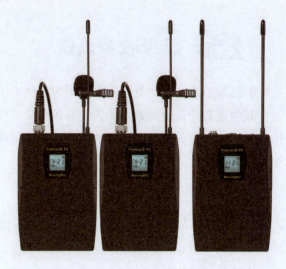

图 2-1-15　无线麦克风

　　通过了解不同类型的收音设备及其优缺点，并根据自己的需求和预算做出明智的选择，可以确保你的视频拥有清晰、高质量的音频效果。

1.6　反光板

　　反光板是摄影和视频制作中不可或缺的重要工具，它的作用远不止于简单地控制光线的方向和亮度。在影视制作中，光影的营造和调节对于塑造场景氛围、突出主题、刻画人物性格等方面都起着至关重要的作用。而反光板正是摄影师和视频制作人员手中的得力助手，通过它，他们可以更加精准地调节拍摄场景中的光影效果，从而创造出更加生动、逼真的画面。

　　反光板的构造相当简单，通常由一块柔软的、可折叠的材料构成，这使得它便于携带和存储，非常适合在拍摄现场快速布置和调整。而表面覆盖的不同颜色的材质，如白色、银色、金色等，更是为摄影师提供了丰富的选择。每种颜色都能产生不同的反光效果，让摄影师可以根据具体需求来灵活选择。

1. 白色反光板

　　白色反光板是最常见也是最基本的反光板。它的反光效果柔和而均匀，能够提亮整个场景，使画面更加明亮、通透。在拍摄人像时，白色反光板常常被用来填补阴影部分，使人物脸部肌肤看起来更加自然、健康。

2. 银色反光板

　　银色反光板具有较强的反射能力，能够产生较强的光线反射效果。在拍摄户外场景时，银色反光板常常被用来反射太阳光，增加场景中的亮度，同时营造出一种清凉、明亮的感觉。此外，在拍摄一些需要突出金属质感的场景时，银色反光板也能发挥出色的作用，如图 2-1-16 所示。

图 2-1-16　银色反光板

3. 金色反光板

金色反光板则能产生一种温暖、柔和的反光效果。在拍摄夕阳、黄昏等温暖色调的场景时，金色反光板能够增强画面的温暖感，使观众感受到一种温馨、浪漫的氛围，如图 2-1-17 所示。同时，在拍摄一些需要营造高贵、奢华感的场景时，金色反光板也能发挥出独特的作用。

图 2-1-17　金色反光板效果图

除了以上三种常见颜色的反光板，还有一些特殊的反光板，如黑色反光板、柔光板等，它们在不同场景和拍摄需求下也能发挥出独特的作用。例如，黑色反光板可以用来吸收光线，营造出阴影效果；而柔光板则能产生柔和、均匀的光线反射效果，使画面更加柔和、自然。

反光板作为摄影和视频制作中的重要辅助工具，其多样化的反光效果和灵活的使用方法使得摄影师可以更加精准地控制拍摄场景中的光影效果，从而创造出更加生动、逼真的画面。无论是拍摄人像、风景还是其他类型的场景，反光板都是摄影中不可或缺的得力助手。

1.7 手机外接镜头的选择

手机外接镜头，作为一种创新的摄影工具，近年来越来越受到摄影爱好者的青睐。这种设备附加在手机摄像头上，不仅能够扩展手机摄像头的功能，还能显著提升拍摄效果，让手机摄影焕发出全新的魅力。

1. 微距镜头

微距镜头是摄影爱好者们的最爱之一。微距镜头能够捕捉到极小的细节，让被拍摄的物体呈现出令人惊叹的清晰度和细腻质感，如图 2-1-18 所示。无论是拍摄花朵的纹理，还是捕捉昆虫的生动姿态，微距镜头都能将手机摄影带入一个全新的微观世界。

图 2-1-18　微距镜头拍摄效果

2. 电影镜头

电影镜头则是一种为手机摄影增添电影感的"神器"。它具有宽广的视角和柔和的光影效果，能够营造出一种独特的电影氛围，如图 2-1-19 所示。使用电影镜头拍摄视频，不仅能让画面更具视觉冲击力，还能让观众沉浸其中，感受到电影般的视听享受。

图 2-1-19　电影镜头拍摄效果

3. 长焦镜头

长焦镜头则是远摄爱好者的首选。它能够捕捉到远处的景物，同时保持画面清晰度和细节，如图 2-1-20 所示。无论是拍摄远处的风景，还是捕捉运动场上的精彩瞬间，长焦镜头都能让手机摄影者轻松实现远距离的拍摄需求。

4. 鱼眼镜头

鱼眼镜头则是一种充满趣味性和创意的拍摄工具。它能够通过夸张的变形效果，将画面呈现出一种独特的视觉效果，如图 2-1-21 所示。使用鱼眼镜头拍摄，不仅能够让画面更具艺术感，还能为观众带来一种全新的视觉体验。

图 2-1-20　长焦镜头拍摄效果

图 2-1-21　鱼眼镜头拍摄效果

1.8　无人机

随着科技的飞速发展，无人机已经逐渐成为摄影和视频制作领域的工具之一，为摄影师和视频制作者带来了前所未有的创作体验。

无人机具备强大的航拍功能，通过搭载高清摄像头或专业摄像设备，在空中获得独特的视角，为摄影师提供更广阔的拍摄视野。无论是山川湖泊的壮美景色，还是城市建筑的独特风貌，无人机都能以全新的视角展现给观众，让作品更具震撼力和吸引力，如图2-1-22所示。

同时，无人机提供了多样化的拍摄视角，如低空俯视、高空鸟瞰、特定角度飞行等，使作品的表现形式和内容更加丰富多样，为观众带来独特的视觉体验。

无人机的稳定拍摄是其一大亮点，通过先进的稳定系统和飞行控制技术，实现稳定的飞行和拍摄，减少画面的抖动和模糊，为观众呈现出高质量的视觉效果。

在智能飞行模式方面，一些高级无人机具备了自动悬停、跟随拍摄、轨迹飞行等功能，实现了更智能化和精准化的拍摄效果，提高了摄影师的工作效率，为作品带来更多的创意和可能性。

远程控制也是无人机的一

图2-1-22　无人机视角下的富士山

大特色，摄影师可以在安全距离内对无人机进行远程操控，调整拍摄角度和高度，确保拍摄效果的准确性和满意度。

综上，无人机适用于多种拍摄场景和需求，无论是自然风景、建筑景观还是活动记录等场景，无人机都能捕捉到令人惊叹的画面，让视频呈现出多样化、个性化和富有创意的风格。

1.9　视频格式

视频格式，简而言之，是指视频文件保存的特定方式或结构。这种格式不仅包含了视频流本身，还可能包括音频流、字幕流等多种媒体元素，这些元素能够在一个单独的文件中协同工作，方便用户同时播放和享受这些内容。视频格式的存在，极大地丰富了我们的多媒体体验，使得观看电影、电视剧、新闻、教学视频等变得轻而易举。在众多的视频格式中，MP4、MOV、AVI、MKV、FLV/F4V和WMV等是较为常见的几种。每一种格式都有其独特的特点和适用场景。

1. MP4

MP4 是一种常见的视频文件格式，全称为 MPEG-4 Part 14。它是由 MPEG（动态图像专家组）制定的一种多媒体容器格式。MP4 作为目前最为流行的视频格式之一，具有广泛的兼容性和优秀的压缩性能。它不仅能够支持多种视频编码和音频编码，还能够嵌入字幕、封面等信息，使得视频文件的播放更加便捷。

2. MOV

MOV 格式的视频是由苹果公司开发的视频文件格式，全称为 QuickTime Movie，它广泛应用于其各类产品中，如 iPhone、iPad 等。由于其独特的编码方式和优化算法，MOV 格式的视频文件在苹果设备上播放时往往能够呈现出更加流畅、细腻的画质。

3. AVI

AVI 是 Audio Video Interleaved（音频视频交错格式）的简称。AVI 作为一种较为古老的视频格式，虽然在新的多媒体应用中已经逐渐被取代，但在某些特定的领域，如监控视频、视频会议等，仍有着广泛的应用。这是因为 AVI 格式的文件结构简单、易于编辑和修改，适合用于这些对实时性和灵活性要求较高的场景。

4. MKV

MKV 是 Matroska Video File（多媒体封装格式）的简称，它是一种开放式的视频封装格式，能够容纳多种不同类型的媒体流，包括视频、音频、字幕等。由于其强大的封装能力和广泛的兼容性，MKV 格式已经成为高清电影、电视剧等多媒体内容的主流格式之一。

5. FLV/F4V

FLV 是 FLASH VIDEO（闪存视频）的简称，FLV 格式是一种新的视频格式，其实就是曾经非常火的 Flash 文件格式。它的优点是视频体积非常小，所以特别适合在网络上播放及传输。

F4V 格式是继 FLV 格式之后，Adobe 公司推出的支持 H.264 编码的流媒体格式，F4V 格式比 FLV 格式的视频画质更加清晰。

6. WMV

WMV 是 Windows Media Video（Windows 媒体视频）的简称，它是一种数字视频压缩格式。它是由微软公司开发的一种流媒体格式，主要特征是同时适合本地或网络播放、支持多语言、扩展性强等。

WMV 格式显著的优势是在同等视频质量下，WMV 格式的文件可以边下载边播放，因此很适合在网上播放和传输。

1.10 视频分辨率

视频分辨率是影响画面质量和观众体验的关键因素，它决定了观众在观看视频时所看到的清晰度和细节程度。随着科技的不断进步和人们对高质量视觉体验的需求日益增加，视频分辨率的重要性愈发凸显。

我们需要明确什么是视频分辨率。视频分辨率指的是视频图像中像素的数量和排列方式，通常以水平像素数乘以垂直像素数的形式表示。较高的分辨率意味着更多的像素和更精细的细节表现，从而带来更加清晰、逼真的画面效果。常见的分辨率如下：

4K：4096 像素 ×2160 像素，超高清。

2K：2048 像素 ×1080 像素，全高清。

1080P：1920 像素 ×1080 像素，全高清（1080i 是经过压缩的）。

720P：1280 像素 ×720 像素，高清。

图 2-1-23　不同分辨率下的画面质量

视频分辨率对画面质量的影响是显而易见的。在低分辨率的视频中，画面可能会出现模糊、失真和锯齿状边缘等问题，严重影响了观众的视觉体验。而高分辨率的视频则能够呈现出更加细腻、逼真的画面，让观众仿佛身临其境，如图 2-1-23 所示。

1.11 视频帧率

☞1. 帧

帧，作为构成视频的基础元素，是每一段视觉故事的基石。每一帧都如同一张静态的照片，捕捉某一刹那的世界。然而，当这些静态的帧以一定的速度连续播放时，它们便能够巧妙地欺骗我们的眼睛，让我们感受到连续的动态影像。

要深入了解帧如何创造出连续的动态效果，我们需要先对"帧"这个概念有一个清晰的认识。在计算机图形和动画中，帧是构成视频的最小单位。每一帧都包含了特定的图像信息，这些图像信息可以是静态的场景、运动的对象，或者是两者兼而有之。在数字视频中，每一帧都是由像素（即图像的基本单元）组成的，每个像素都有自己的颜色和亮度值，这些值共同决定了帧的视觉效果。

☞2. 帧率

帧率，通常用 FPS（Frames Per Second，每秒帧数）来表示，是视频制作中一个至关重要的概念。它描述了视频中每秒钟播放的帧数，是衡量视频流畅度和观感的关键因素。在视频制作和播放过程中，选择合适的帧率不仅可以确保视频效果达到预期，还能给观众带来更加舒适和自然的视觉体验。

帧率对视频的流畅度有着直接的影响。一般来说，帧率越高，视频的流畅度就越好。这是因为高帧率意味着视频中的每一帧都更加接近实际运动的连续状态，从而减少了画面的卡顿。此外，帧率也对视频的观感产生着影响。在低帧率下，视频可能会出现明显的画面抖动和跳跃，给人一种不自然的感觉。而在高帧率下，视频画面则更加平滑、连贯，给观众带来更加舒适的观看体验，如图 2-1-24 所示。这也是为什么近年来，随着技术的不断发展，越来越多的视频制作和播放平台开始支持更高的帧率，如 60 FPS、120 FPS 等。

图 2-1-24　不同帧率下的画面对比

👉3. 码率

当我们谈论视频质量时，视频的码率（Bitrate）无疑是一个不可忽视的指标。视频的码率，简而言之，是指视频文件中每秒钟所包含的数据量。这个数据量通常以 Mbps（兆位每秒）为单位来表示。在视频编码过程中，码率决定了视频数据的压缩程度。码率越高，视频文件所包含的数据量就越大，相应地，视频的质量也会更高，色彩更加鲜艳，细节更加清晰。反之，如果码率过低，视频数据将会被过度压缩，导致画面质量下降，出现模糊、失真等问题。

然而，码率并非越高越好。一方面，高码率的视频文件意味着需要更大的存储空间。在有限的存储空间下，高码率视频可能会占用更多的空间，从而影响其他文件的存储。另一方面，高码率视频在传输过程中需要更高的带宽，这可能会导致视频播放时出现卡顿、延迟等问题，影响用户体验。因此，在实际应用中，我们需要根据具体的需求和场景来选择合适的码率。

视频的码率是衡量视频质量的重要指标之一。通过了解码率的概念和影响因素，我们可以更好地选择适合自己的视频参数，从而获得更好的视频体验。同时，随着技术的不断进步和网络的不断发展，我们期待未来能够出现更加高效、灵活的视频编码技术，以满足不断增长的视频需求。

第2章　拍摄方法

　　摄影，作为一种记录和表达世界的方式，已经成为当代人生活中不可或缺的一部分。无论是捕捉日常生活中的美好瞬间，还是创作具有深度和意义的艺术作品，拍摄方法的选择都是至关重要的。在本章中，我们将从基础技巧到高级策略，探讨一些常用的拍摄方法，帮助读者提升摄影技能。

　　拍摄方法的选择和运用对于摄影作品的质量和表现力具有至关重要的影响。通过学习和实践这些基础技巧和高级策略，我们可以不断提升自己的摄影技能，创造出更多令人惊叹的作品。让我们拿起相机，去记录和表达这个世界的美丽与多彩吧！

2.1　录像功能的使用

　　录像功能在手机摄影中扮演着重要角色，它能够帮助用户捕捉生动的视频画面。使用录像功能之前，首先确保你的手机相机应用已经打开并且处于录像模式。一般来说，在相机应用的界面中，你可以通过切换模式或点击相应的图标来进入录像模式，如图2-2-1所示。一旦进入录像模式，你会看到一些控制录像的按钮，比如录像开始/停止按钮、闪光灯控制按钮等。点击录像开始按钮，手机相机就会开始录制视频。在录像过程中，你可以使用其他功能，比如调整曝光、对焦或应用滤镜等。当你想要停止录像时，只需点击录像停止按钮即可完成录制。

2.2　构图网格线

　　在摄影领域，构图是一项至关重要的技能。构图不仅决定了作品的整体布局，还直接影响着观众对作品的第一印象。在构图的过程中，一个被广大摄影师广泛使用的工具便是构图网格线。

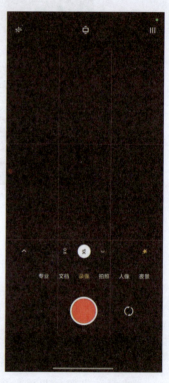

图2-2-1　录像选项

　　使用手机相机自带的网格线功能有助于视频画面的构图，如保持风景画面的地平线水平、建筑物的线条笔直或水平，以及拍摄完美的对称画面等。在手机上使用相机网格线功能的方法如下。

　　（1）进入相机"设置"界面，在"通用"分组中点击"参考线"选项右侧的开关按钮，打开"参考线"功能。

　　（2）返回视频拍摄界面，即可看到九宫格参考线，这些线条将屏幕划分为九等份，有助于更好地构图和对齐拍摄对象，如图2-2-2所示。

（3）在拍摄过程中，可以利用这些参考线来定位重要的元素，如人物的脸部、物体的位置等。确保这些元素位于参考线的交点或线上，可以使照片或视频更具吸引力和平衡感。

如果发现参考线对拍摄造成了干扰，可以随时回到"设置"界面，关闭"参考线"功能。这样，就可以在没有任何线条干扰的情况下，专注于拍摄想要的画面了。

总的来说，使用九宫格参考线是提升摄影构图技巧的一个简单而有效的方法。通过练习和观察，可以逐渐熟悉如何利用这些线条来构图，并提升摄影水平。无论是在拍摄风景、人物还是其他类型的照片或视频时，都可以尝试使用九宫格参考线来更好地构图和定位元素。

图 2-2-2　相机开启网格线

2.3　镜头滤镜

手机品牌众多，滤镜风格各异，为视频创作提供了丰富的色彩调整手段。在视频拍摄过程中，创作者应依据实际需求选择滤镜，以达到预期的视觉效果。不过，考虑到保持视频素材的原始性和完整性，并为后续编辑调整提供便利，建议在拍摄初期暂不使用滤镜。待视频拍摄完成后，创作者可根据个人喜好和创作需求，审慎选择并添加合适的滤镜，以确保视频的真实性和后期编辑的灵活性。此举既体现了对原始素材的尊重，也为后续的创作过程提供了更大的调整空间。在手机上使用滤镜功能的方法如下。

首先，确保已经安装了带有滤镜功能的手机应用程序。市面上有许多流行的图片编辑和相机应用程序都提供了滤镜功能，如"醒图""VSCO"等。可以在应用商店中搜索并下载适合的应用程序。安装完成后，打开应用程序并进入相机或图片编辑界面。通常，滤镜功能会在界面底部或侧边的工具栏中。

其次，找到滤镜图标后，点击它，会看到一系列预设的滤镜效果，它们通常会以缩略图的形式展示在屏幕上。每个滤镜效果都有不同的特点和风格，如鲜艳、复古、黑白、温暖等，如图 2-2-3 所示。

图 2-2-3　滤镜选择

选择喜欢的滤镜效果，只需点击对应的缩略图即可应用到当前图片或实时相机画面上。可以预览应用滤镜后的效果，如果不满意，可以随时更换其他滤镜。

除了预设的滤镜效果，还支持自定义滤镜。可以调整滤镜的强度、对比度、饱和度等参数，以创建独特的滤镜效果。通常，这些自定义选项会在选择滤镜后的设置菜单中提供。

当满意滤镜效果后，可以保存编辑后的图片或继续添加其他效果。

最后，值得注意的是，滤镜的选择应当与视频内容相契合，而不是随意添加。例如，如果正在拍摄一段自然风景的视频，那么选择一款色彩饱满、对比度高的滤镜可能会让画面更加生动；而如果正在拍摄一段低调、内敛的纪录片，那么选择一款色调柔和、饱和度较低的滤镜可能更为合适。在进行视频拍摄时，应该充分利用滤镜功能，为视频画面增添色彩和魅力。同时，也需要根据视频内容和观众需求，合理选择滤镜样式，确保画面效果与视频内容相得益彰。

2.4 对焦

对焦是指调整手机镜头焦点与被摄物之间的距离，使被摄物成像清晰的过程，这决定了视频主体的清晰度。利用手机拍摄视频的对焦方式分为自动对焦和手动对焦。手机自动对焦本质上是集成在手机图像信号处理器（Image Signal Processing, ISP）中的一套数据计算方法。手机会以此自动判断被摄物，一般情况下将手机对准被摄物即可自动对焦。

若自动对焦无法使被摄物清晰，可以在拍摄画面点击拍摄主体进行手动对焦。此时可以看到手机屏幕上出现了一个对焦框，其作用就是对所框住的景物进行自动对焦和自动测光。

在专业模式下还可以更改对焦方式，以华为手机为例，在拍摄界面下方点击"专业"选项，然后点击下方的"录像"图标进入录像专业模式，点击下方的"AF"按钮，可以看到其中提供了三种对焦方式，分别是 AF-S 单次对焦、AF-C 连续对焦和 MF 手动对焦，如图 2-2-4 所示。它们的详细介绍如下。

（1）AF-S 单次对焦：当手指在屏幕上点击选择对焦点后，系统会自动对焦并锁定焦点，此时再移动手机改变取景范围，系统会按照新画面重新对焦，除非再次在屏幕上点击选择对焦点。AF-S 单次对焦适用于拍摄静止的物体。

（2）AF-C 连续对焦：当手指在屏幕上点击选择对焦点后，系统会自动完成对焦，当取景画面发生较大变化时，系统会在原来点击的位置重新对焦。另外，即使不点击屏幕选择对焦点，系统也会根据画面的转换不断地在画面中自动对焦。AF-C 连续对焦适用于拍摄运动的物体或抓拍等。在拍摄界面下方长按 AF-C 按钮，即可锁定焦点。

（3）MF 手动对焦：通过手动拖动调焦滑块进行调焦，直
图 2-2-4　对焦模式

到眼睛觉得所需要的画面位置清晰为止。MF 手动对焦常用于自动对焦不佳的情况下，如光线差、对焦位置反差小、拍摄主体前有障碍物遮挡，或者微距拍摄下自动对焦不准确等。使用 MF 手动对焦方式可以拍摄背景失焦的画面。

2.5　曝光补偿

对于同一个场景，利用手机相机可以把它拍得很亮，也可以拍得很暗，画面的亮度与环境的亮度并没有直接关系，画面的亮度是由手机相机的曝光值决定的。

在摄影的世界中，曝光是一个至关重要的概念。它决定了照片的明亮程度，以及我们所能看到的细节和色彩。尤其在现代智能手机的摄影功能中，曝光值的调整成了一种便捷的摄影技巧，让我们可以轻松地控制照片的亮度。

首先，我们要明白，画面的亮度与环境的亮度并不是直接相关的。一个明亮的环境并不一定会产生一张明亮的照片，而一个昏暗的环境也不一定会导致照片暗淡无光。这是因为，手机相机通过调整曝光值来影响照片的亮度。曝光值（Exposure Value，EV），它代表相机镜头打开的时间长短，也就是光线进入相机的时间。EV 值越高，照片就越亮；EV 值越低，照片就越暗。

那么，如何利用手机相机来调整曝光值呢？大多数手机相机应用都提供了曝光补偿的功能，可以通过滑动一个亮度条来调整 EV 值。向右滑动时，EV 值增加，照片变得更亮；向左滑动时，EV 值减少，照片变得更暗。如图 2-2-5 所示为小米手机在不同曝光值下的拍摄画面。此外，许多手机相机还提供了自动曝光模式，它会根据环境的亮度自动调整 EV 值，以得到一张亮度适中的照片。

但是，仅仅调整曝光值并不能解决所有的问题。有时候，环境的亮度确实会影响到照片的质量。例如，在光线非常明亮的环境中，如果 EV 值设置得过高，可能会导致照片过曝，失去细节和色彩；在光线非常昏暗的环境中，如果 EV 值设置得过低，可能会导致照片欠曝，细节模糊不清。因此，我们需要根据环境的亮度来合理地调整曝光值。

图 2-2-5　调整曝光值

2.6　延时摄影

　　手机延时摄影是当今摄影领域中备受瞩目的一项技术，其迷人之处在于能够利用手机相机的连拍功能，以一种独特的方式记录时间的流逝。这项技术不仅让我们能够捕捉到日常生活中微小而美好的瞬间，还能够以一种截然不同的视角审视周围世界的变化。在手机延时摄影中，每一帧画面都是一个独特的瞬间，每一次拍摄都是对时间的一次凝视。通过设定不同的拍摄参数，我们可以以不同的速度观察时间的流逝，探索世界的无限可能性。有时，我们选择"将时间放慢"，以更加细腻的方式观察事物的变化；有时，我们也许会选择"加快时间的流逝"，以展现事物的瞬息万变。无论选择何种方式，手机延时摄影都能够带给我们意想不到的惊喜和震撼，让我们重新认识并感悟生活的意义。

1. 延时摄影的概念

　　延时摄影又称缩时摄影、缩时录影，是一种将时间压缩的拍摄技术，其拍摄的是一组照片或视频，后期通过照片串联或视频抽帧把几分钟、几小时甚至几天、几年的过程压缩到一个较短的时间内以视频的方式播放。而手机的延时摄影是将长时间拍摄的视频压缩到几秒或几分钟内播放，类似于快放。例如，在某商场大门处拍摄数个小时，在播放时也就几十秒，可以看到进出商场的人在快速移动。

　　延时摄影主要用于拍摄云海、日转夜、城市的车水马龙、植物生长等场景中物体的变化过程。

2. 延时摄影的拍摄方法

　　在使用手机进行延时摄影拍摄时，需要做好一系列准备工作。首先，为了确保拍摄画面的稳定，应当使用三脚架来固定手机。其次，由于延时摄影需要持续一段时间，必须确保手机电量充足，并有足够的存储空间来保存拍摄的素材。同时，为了避免来电和消息干扰拍摄过程，应当打开手机的飞行模式和勿扰模式。最后，在开始拍摄前，还需锁定对焦和曝光，以防止在拍摄过程中环境变化导致画面不稳定或出现焦距变换的情况。这些准备工作将有助于确保延时摄影的顺利进行，获得高质量、稳定的视频素材。

　　延时摄影功能支持手动设置，在拍摄延时摄影作品时需要对录制速率、快门时间、ISO值等专业参数进行手动设置，以小米手机为例，方法如下。

　　（1）打开手机相机，在界面下方选择"更多"选项，在打开的界面中点击"延时摄影"按钮，如图 2-2-6 所示。

　　（2）在拍摄界面下方点击█按钮进入手动设置模式。

　　（3）进入专业模式，设置各项拍摄参数，如白平衡、ISO 值、快门速度、对焦模式、测光方式和曝光补偿，如图 2-2-7 所示。

　　（4）点击█按钮，拖动滑块调整快门速度，如图 2-2-8 所示。快门速度影响画面的进光量，快门速度越慢，镜头的进光量越多，画面就越亮；反之，快门速度越快，镜头的进光量越少，画面就越暗。在同样光圈的情况下，快门速度越快，成像画面越清晰；快门速度越慢，成像画面越模糊。

（5）点击录制按钮开始录制延时摄影视频，再次点击按钮结束录制。手机相机会自动停止拍摄，并将拍摄的延时摄影视频保存到手机相册或指定的存储位置。

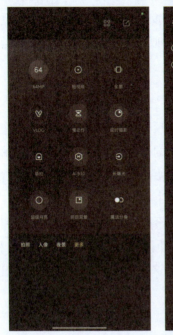  

图 2-2-6　延时摄影按钮　　　图 2-2-7　专业模式图　　　2-2-8　修改快门速度

2.7　慢动作

☞ 1. 慢动作的概念

使用手机的"慢动作"模式可以拍摄慢放的视频，它与手机延时摄影相反，把拍摄的视频进行慢动作播放。慢动作拍摄通常用来拍速度正常或速度很快的动作，目的是把这些动作变慢，呈现出有别于平时肉眼看到的视觉效果。

☞ 2. 慢动作的拍摄方法

（1）以小米手机为例，打开手机相机，在界面下方选择"更多"选项，在打开的界面中点击"慢动作"按钮。

（2）点击"录制"按钮开始录制慢动作视频，手机相机将自动拍摄一段超级慢动作视频，如图 2-2-9 所示。

（3）在拍摄完成后，可以在相机应用中编辑和调整视频的播放速度。通常，可以选择将慢动作视频加速或减速播放，以达到想要的效果。

图 2-2-9　拍摄慢动作

2.8　拍摄画幅

在短视频平台上，目前最常见的是宽高比为 16：9 的横画幅或 9：16 的竖画幅。此外，还有宽高比为 1：1 的正方形画幅及超宽画幅。不同画幅的视频能够给人带来不同的视觉感受，所以拍摄者在拍摄不同的题材或表现不同的主题时，要采用恰当的画幅进行表现。

1. 横画幅

横画幅作为一种常见的视频构图方式，在短视频创作中扮演着重要的角色。其特点是画面的宽度大于高度，适合展示广阔的场景和横向运动的内容。横画幅的运用使得视频更具观赏性和沉浸感，更能够吸引更多观众的目光，如图 2-2-10 所示。

通过横画幅的运用，短视频能够呈现更广阔的视野和更丰富的内容。画面的宽度大于高度，使得视频能够展示更多细节和场景，使观众仿佛身临其境，感受到空间的广袤和景象的壮观。这种构图方式也使得视频更具代入感和沉浸感，能够吸引观众更深入地体验视频内容。

在短视频创作中，横画幅的运用不仅能够增强视频的视觉效果，还能够丰富内容的表现形式。通过合理的构图和视角选择，摄影师能够创作出更具吸引力和观赏性的视频作品，使得视频更容易被观众所接受和喜爱。这种构图方式也能够为视频带来更多的创作可能性，让摄影师能够更加自由地表达自己的创意和想法。

图 2-2-10　横画幅

2. 竖画幅

竖画幅也是短视频领域最常见的一种画幅，一般用于表现垂直方向的被摄主体，如站立的人物、高大的树木或高耸的建筑等，可以表现被摄主体的高大、挺拔等，适合在画面的垂直方向上表现纵深感和空间感，如图 2-2-11 所示。

拍摄者在选择画幅时，还要考虑被摄主体和环境的逻辑关系，若两者之间的逻辑关系是纵向展开的，就选择竖画幅，否则就选择横画幅。

图 2-2-11　竖画幅

3. 正方形画幅

正方形画幅在短视频创作中有着独特的运用，其特殊的构图方式能够为短视频带来别样的美感和观赏性。通过正方形画幅的运用，短视频能够更好地吸引观众的注意力，营造出独特的视觉效果，让观众沉浸在画面中。

在短视频创作中，正方形画幅能够帮助摄影师更好地展现主题和内容。由于画面的对称性和平衡感，正方形画幅能够使得视频内容更加突出，让观众更容易地理解和接受。同时，正方形画幅也能够为短视频带来更加简洁明了的视觉效果，增强视频的冲击力和观赏性。

此外，正方形画幅还能够帮助短视频在社交媒体平台上脱颖而出。在短视频平台上，用正方形画幅可以充分利用手机的屏幕空间，在空白区域可以添加说明性的文字作为短视频的标题或解说词，如图 2-2-12 所示。正方形画幅的视频常常能够吸引更多的关注和点赞，成为用户分享和传播的热门内容。其独特的美学效果和视觉吸引力能够在众多内容中脱颖而出，赢得更多的关注和认可。

图 2-2-12　正方形画幅

4. 超宽画幅

超宽画幅是一种引人注目的视频构图方式，其特点是画面的宽度远远大于高度，呈现出极具震撼和视觉冲击力的效果。通过超宽的画面比例，摄影师可以将观众带入一个宽广而壮丽的视觉世界，让他们感受到无边无际的广阔和深远。这种构图方式常常被用于拍摄自然风光、广阔的城市景观等场景，能够极大地增强视频的震撼力和观赏性，如图 2-2-13 所示。

通过超宽画幅的运用，视频能够展现更加宽广和开阔的场景。画面的宽度远远大于高度，使得观众仿佛置身于无边无际的广阔空间中，感受到无限延伸的视野和壮丽的景象。这种构图方式能够极大地增强视频的冲击力和观赏性，使得观众更容易被视频所吸引。

图 2-2-13　超宽画幅

第 3 章　短视频的构图与光线

3.1　认识五大景别

景别是指在拍摄时，根据拍摄机器与被拍摄对象之间的距离和所使用的镜头不同，被拍摄对象在画面中呈现出的大小范围。一般可分为五种，从远到近，包括远景（被拍摄对象所处环境）、全景（人体的全部和周围部分环境）、中景（指人体膝部以上）、近景（指人体胸部以上）和特写（指人体肩部以上）。通过使用不同的景别，可以更好地表达拍摄的主题和情感，从而创造出更加丰富的观影体验。

1. 远景

远景主要用于描绘被拍摄对象与周边环境的联系，以及展现宏伟的空间景观，如图 2-3-1 所示。在远景镜头下，拍摄对象往往只占据画面的一小部分，更侧重于展现整体场景和环境氛围。举例来说，当制作一部展现大自然瑰丽景色的短视频时，远景的运用可以凸显出广袤的山脉、清澈的湖泊和茂密的森林，使观众沉浸在雄浑壮丽的自然美景之中。调查数据显示，观众在观看以远景为主的影片时，常常感到内心的宁静与放松，这是因为远景能够展现出广阔的环境背景，让人感受到大自然的力量和魅力。

图 2-3-1　远景图片

2. 全景

全景同样可以用于展示被拍摄对象与其环境之间的关系，如图 2-3-2 所示，就是一幅全景图片。然而与远景相比，全景更偏向于细致地呈现被拍摄对象。以一部描绘城市街道风貌的短视频为例，全景的运用能够全方位地展示繁忙的街道、高耸入云的大楼以及人流如潮的场景，让观众深刻感受到都市的繁华与生活的快节奏。实验数据显示，观众在观看采用全景镜头的影片时，常常会被激发出内心的兴奋和好奇心，这是因为全景能够展现出宏大且震撼的城市景观，使观众仿佛身临其境。

图 2-3-2　全景图片

图 2-3-3　中景图片

3. 中景

中景是一种拍摄手法，它将主要的被拍摄对象置于画面的中心位置，有效地凸显了人物的身份、动作以及他们动作的目的。在拍摄时，中景通常会将对象从腰部或膝盖位置进行裁剪，但需要注意的是，要避免在关节部位进行剪裁，以确保画面的连贯性和自然感，如图 2-3-3 所示。以一部叙述性较强的短视频为例，中景的运用可以让观众清晰地看到人物的表情、动作以及他们之间的交流，从而更好地理解剧情的发展和人物角色的内心世界。根据科学研究的结果，中景的运用能够有效地吸引观众的注意力，并帮助他们更好地理解和感受人物的行为和情感变化。

图 2-3-4　近景图片

4. 近景

近景是一种将焦点集中在被拍摄对象上，将其直接展现给观众的景别。它通过细致入微地展现人物的面部表情和内心状态，传递出人物的情感和思维活动，如图 2-3-4 所示。举例来说，在制作一部深入探讨人物心理纠葛的短视频时，我们可以借助近景来捕捉人物的微妙表情变化和眼神流转，进而深度描绘人物内心的冲突和思考过程。实验数据表明，观众在观看近景镜头时，常常能够体验到强烈的情感共鸣，因为近景镜头为观众打开了一扇窗，使他们得以更近距离地感受人物的内心世界。

5. 特写

特写镜头是一种聚焦于被拍摄对象的某一部分或局部的拍摄手法。它擅长捕捉并展现人物细微的面部表情、手指的微妙动作等，进而深入地描绘人物关系和传递关键信息，如图 2-3-5 所示。以一部扣人心弦的刑侦故事短视频为例，我们可以通过特写镜头来展示嫌疑人的眼神闪烁、警察的眉头紧锁等关键细节，营造出紧张悬疑的氛围，引领观众深入剧情。科学研究也证实，观众在观看特写镜头时，常常能感受到强烈的紧张和悬疑情绪，这是因为特写镜头能够将观众的注意力聚焦于剧情的关键点，让他们更加身临其境地体验故事的发展。

图 2-3-5　特写图片

3.2 视频构图法

无论是拍摄人像还是拍摄风光，构图都是画面美感的重要考量因素。构图的好坏直接影响画面的视觉享受。构图是摄影前期中最重要的事情之一，承担着突出对象、吸引视线、简化杂乱、给出均衡和谐画面的作用，好的构图将会凸显画面的中心，使画面更富故事性，并能反映摄影师对事物的认识和感情。

1. 黄金分割构图法

黄金分割是一种由古希腊人发明的几何学公式，其数学解释是将一条线段分割为两部分，使其中一部分与全长之比等于另一部分与这部分之比。其比值的近似值是 0.618。由于按此比例所设计的造型十分美丽，因此这一比例被称为黄金分割比。

在摄影中使用黄金分割比例则可以让照片感觉更自然、舒适，更能吸引观赏者。在摄影构图中，黄金分割构图有多种表达方式，最常用的构图包括"黄金螺旋"和"黄金九宫格"，如图 2-3-6 所示。

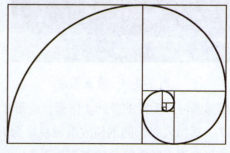

图 2-3-6　黄金螺旋

如图 2-3-7 所示，这张照片是采用黄金九宫格的构图方法，在夕阳的时候拍摄，逆光正好将人物在背景中突出出来，人物对象在黄金比例的交叉点上，海平面的位置也处于黄金比例的横线处，船的方向与人物的视线方向一致，正好处于对角线位置，使画面有延伸的视觉效果。

图 2-3-7　黄金九宫格构图

2. 三分构图法

三分构图法是指将画面均分为三个部分 (可以是横向的，也可以是纵向的)，拍摄时将被拍摄对象放置在画面的横向或纵向三分之一处，能让被拍摄对象更加突出，让画面更加美观。三分构图法适用于表现画面的空间力，使画面场景鲜明、构图简练，如图 2-3-8 所示。

图 2-3-8　三分构图法

三分构图法与九宫格构图有相似之处，它们对横向和竖向画面都适用。不同的是，九宫格构图突出被拍摄对象位于黄金分割点上，而三分构图法是突出被拍摄对象或场景放在三等份的其中一等份之内，以突出画面的空间感。

3. 水平线构图法

在摄影构图中，水平线构图是一种常见的构图方法，它能够给画面带来一种宽阔、稳定的感觉。在拍摄风景、建筑、人物等题材时，水平线构图都是一个非常实用的选择。

（1）水平线构图特点

水平线构图的主要特点是它的横向线条，这些线条能够给画面带来一种宽阔、稳定的感觉。在拍摄大场景时，水平线构图可以让画面更加丰富，展现出场景的广阔和自然之美。而在拍摄建筑时，水平线构图则可以让建筑显得更加稳定、高大，展现出其雄伟壮观的一面。

（2）水平线位置

水平线位置的选择对于构图的影响非常重要。根据不同的拍摄对象和场景，我们可以选择不同的水平线位置来进行构图。

①低水平线：拍摄天空

在拍摄天空时，我们可以选择将水平线放置在画面的下方，让天空占据画面的大部分。这样可以让天空更加宽广，同时也能够突出天空的色彩和层次，如图 2-3-9 所示。

图 2-3-9　低水平线构图

②中水平线：水面倒影

中水平线构图可以让画面形成上下对称的效果，非常适合在拍摄水面倒影、具有对称结构的建筑等场景中使用。通过将水平线放置在画面中央，可以让上下两个部分形成对称，营造出一种和谐、平衡的感觉，如图 2-3-10 所示。

图 2-3-10　中水平线构图

③高水平线：草原、地面、水面

当我们将水平线放置在画面的上方时，可以让地面、水面等占据画面的大部分，从而突出其宽广、平坦的特点，如图 2-3-11 所示。在拍摄草原、地面、水面等场景时，高水平线构图是一个非常实用的选择。

图 2-3-11　高水平线构图

👉 4. 垂直线构图法

垂直线构图法与水平线构图法在原理上是相通的，都是以某种主导线条来构建画面的构图方法。不同之处在于，垂直线构图法主要依赖垂直线条来组织画面。在应用这种构图法时，摄影师通常会选择那些自身就具备垂直线特征的被拍摄对象，比如树木、路灯、高楼等，如图 2-3-12 所示。通过巧妙地运用垂直线条，能够充分展现景物的高大和深度，给人带来稳定、庄严、有力的视觉体验。

垂直线构图特点如下。

（1）稳定性

垂直线条给人以稳定的感觉，这是因为垂直线条与地平线垂直，与人类的视觉习惯相符，因此可以产生稳定、安心的视觉效果。

图 2-3-12　垂直线构图

（2）力量感

垂直线条通常被视为有力和坚决的，它们可以表现出力量、决心和坚固性。在构图中使用垂直线条，可以赋予画面一种力量感，增强视觉冲击力。

（3）秩序感

垂直线条往往代表着秩序和组织。当它们整齐地排列在一起时，可以引导观众的眼睛，使画面呈现出一种有序、规律的视觉效果。

（4）高耸感

垂直线条由于其向上的特性，常常被用来表现物体的高度，如高楼大厦、树木等。摄影师可以利用垂直线条来强调它们的高度和雄伟感。

5. 对称式构图法

对称式构图，又称为平衡式构图，它以画面正中垂线或正中水平线为基准，使被拍摄对象呈现出左右对称、上下对称或斜向对称的布局。这种构图方式能营造出平衡且规矩的画面结构，给观众稳定而和谐的视觉体验。当被拍摄对象本身具有左右、上下或斜向对称的特点时，对称构图便成了一种常见的选择。通过巧妙地运用对称构图，能更好地突出对象的对称特性，引导视线，增强画面的整体美感。

（1）对称式构图的特点

①平衡与稳定。对称式构图通过相等的两部分形成对称关系，使画面达到平衡和稳定的效果，具有稳定感，能给人以庄重、严肃的感觉。

②线条美感。画面中对称的线条能够带给人稳定的视觉感受，同时也能够产生美感。

（2）对称式构图的形式

①上下对称

上下对称是将版面分成均等的两部分，呈现出对称均衡的视觉效果，如图 2-3-13 所示。

图 2-3-13　上下对称

②左右对称

　　将版面分成左右两部分，通过设计元素的布局让画面整体呈现出平衡、稳定的特点，如图 2-3-14 所示。

图 2-3-14　左右对称

③斜向对称

　　斜向对称在摄影中并不常见，主要是因为适合拍摄的题材较少，如果找到合适的题材，可以取得意想不到的效果，同时拍出的照片非常具有几何线条的对称感。如图 2-3-15 所示，利用阴影与高光的对比，也可以形成一个斜向的对称式构图。

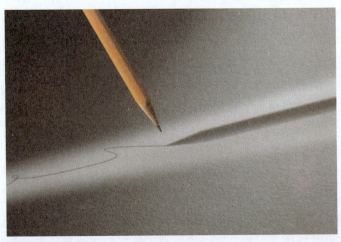

图 2-3-15　斜向对称

④全面对称

全面对称即画面上下左右斜向皆为对称，这样的构图可以让被拍摄对象获得极佳的均衡性，常用来拍摄大型建筑的穹顶或一些完全对称的物体，如图2-3-16所示。想要获得全面对称，大多需要采用垂直仰拍或俯拍的方式。

图2-3-16　全面对称

（3）对称式构图操作技巧

①选取被拍摄对象

观察被拍摄对象的结构特点，以及周围环境是否存在与其相似的元素。若存在较多相似之处，可以考虑利用对称式构图，以突出被拍摄对象。

②拍摄角度

将被拍摄对象置于画面的中轴线上进行拍摄，这样可以利用中轴线的冲击力，表现出被拍摄对象的庄重、庄严之感。另外，也可以将对象放在画面对角线上进行拍摄。

③细节变化

在讲究对称美的同时，也要在细节上做出变化，如人物之间的动作、神态等，以避免画面显得死板生硬。例如，可以在人物与动物之间使用大小、高低等变化的对称式构图，以营造神秘感和危机感。

6. 框架式构图法

所谓框架构图即用框架将被拍摄对象框起来，框架作为陪体存在。生活中有很多可以用来作为框架的元素，比如：门窗、镜框、洞口、树枝、栅栏开口处等都可以作为天然的取景框架，甚至连阴影也可以作为框架。框架式构图不仅有助于将被拍摄对象与背景巧妙融合，而且通过框架的包围效果，还能够营造出一种神秘且引人入胜的气氛，从而赋予画面更强烈的视觉冲击力，如图2-3-17所示。

图 2-3-17　框架式构图

（1）框架构图的作用

①突出对象

观众在观赏照片时，由于框架的存在，会自然而然地将注意力集中在被框住的画面对象上，从而有效突出画面对象。这是因为框架对画面对象起到了强调和突出的作用，如图 2-3-18 所示。

图 2-3-18　突出拍摄对象——塔

②遮挡不必要元素

通过框架的遮挡作用，可以将画面对象周围一些不必要的元素排除在外，使得画面更加简洁明了。这样不仅能够突出画面对象，还能够提升照片的整体美感。

③增加画面层次

对于某些看起来单调的照片，可以通过添加框架来增加画面的层次感和空间感，使得照片更加生动有趣。如图2-3-19所示，以樱花为前景框架能够打破原本单调的中央电视塔，为画面注入新的生命力。

图2-3-19　框架式构图

④渲染画面氛围

在拍摄人文题材、街头题材等照片时，善用前景可以为照片增添特定的氛围和故事性。框架作为一种特殊的前景元素，同样可以起到这样的作用。通过巧妙地运用框架，可以让照片更加引人入胜。

（2）使用框架构图注意事项

①框架要有美感

在利用框架进行拍摄时，需要特别注意框架的形状、与画面对象是否搭配等情况。

②框架不能喧宾夺主

框架的作用是突出画面对象，是辅助作用。如果框架影响到了画面对象，那就要考虑一下是否要将框架拍进去。

③框架要简洁

选择的框架不要太复杂了，尽量要简洁，如图 2-3-20 所示。因为简洁的框架美感更好，并且不会影响到画面对象。

图 2-3-20　简洁框架式构图

④不能为了"框"而"框"

不能为了使用框架式构图就想方设法地找框架、弄框架。能不能利用框架来拍摄，要看画面构图、画面对象等，不能强求。

⑤慎重用框架作为画面对象

有些时候会直接用框架作为被拍摄对象，用框架作为被拍摄对象时，画面一定要十分简洁，不然就不要用框架作为画面对象。尽量在框架中安排一个对象，这样照片会更丰富，戏剧性更强。

7. 中心构图法

中心构图法指把被拍摄对象放在画面的某一个点上，成为视觉的焦点，如图 2-3-21 所示。"中心"可以理解为画面的视觉中心，而不是画面的绝对中心位置，在取景时也可以把主体的重心往四周稍作偏移，从而避免使用中心构图法拍摄形成的呆板感。

图 2-3-21　中心构图

以下是中心构图的优点。

①对象突出

在中心构图中，被拍摄对象位于画面的中心位置，这使得观众的视线自然而然地被吸引到对象上，从而有效地突出了被拍摄对象。

②平衡和谐

中心构图能够为画面带来一种平衡和和谐的感觉。当对象位于画面中心时，左右两侧的元素和背景都会呈现出对称或平衡的状态，使得整个画面看起来更加稳定。

③引导视线

中心构图还能够有效地引导观众的视线。当观众看到一张中心构图的照片时，他们的视线会首先被吸引到中心的对象上，然后再逐渐扩散到整个画面，这种视线的引导有助于观众更好地理解和感受照片的主题和氛围。

④简化构图

对于初学者来说，中心构图是一种相对简单且易于掌握的构图方式。通过将对象放置在画面中心，可以有效地简化构图过程，避免过多的元素和背景干扰对象的表达。

8. 对角线构图法

对角线构图法就是利用画面中的主要线条或对角线元素来引导观众的视线，使画面更具动感和张力，如图 2-3-22 所示。这种构图方式在摄影中被广泛使用，特别是在风景、建筑和人物摄影中。

图 2-3-22　对角线构图

（1）对角线构图的特点

①动感与张力

对角线构图具有很强的动感和张力,因为它利用对角线线条的方向性来引导观众的视线,使人感觉画面中的元素在移动或具有潜在的能量。

②引导视线

对角线线条自然地将观众的视线引向画面的深处,增强了画面的空间感和深度。

③突出主题

当对角线线条与主要元素相结合时,可以有效地突出主题,使观众更容易注意到摄影师想要表达的重点。

④平衡画面

对角线构图也可以用来平衡画面,尤其是当画面中存在多个元素或背景复杂时,对角线的安排可以使整个画面更加和谐。

（2）对角线构图的分类

①完全对角线构图

完全对角线构图,就是将画面里要拍的斜线一边对着画面的一个角,不论这条线是如图 2-3-23 所示的直线还是如图 2-3-24 所示的曲线。

图 2-3-23　直线对角线构图　　　　　图 2-3-24　曲线对角线构图

②近似对角线构图

近似对角线构图,就是拍摄对角线构图的时候,将画面稍微摆正一点,让斜线的两边不要顶着画面对角。这样的照片,看起来没有那么刻意,不是为了对角而对角,显得更舒服。画面中有斜线,但是不完全压对角线,如图 2-3-25 所示。

图 2-3-25　近似对角线构图

9. 对比构图

对比，在我们生活中也无处不在，如红花与绿叶、高楼和茅草屋、天鹅与青蛙等。不可否认的是，对比反差强烈的作品，更加容易给人留下印象。

（1）大小对比

在摄影构图中，经常利用大小对比来突出对象，这种利用视觉反差形成的对比差异，能使画面产生一种视觉张力，给人留下深刻印象。如图 2-3-26 所示，近距离拍摄，使画面前方的向日葵看起来比后面的向日葵大得多，通过悬殊的尺寸比例来突出重点。这种构图方式常通过广角镜头实现，广角镜头容易产生前大后小的透视效果，可突出主体、陪体之间的形态差异和距离感。

图 2-3-26　大小对比

（2）虚实对比

虚实对比是摄影创作中一种比较特别的表现方式。通常，拍摄对象本身并没有虚实之分，但通过相机的设置与镜头的运用，可以使对象清晰，背景虚化，从而形成虚实对比，使对象在背景中显得更突出，如图 2-3-27 所示。

图 2-3-27　虚实对比

（3）明暗对比

明暗对比顾名思义就是利用明与暗的对比来取景构图，同一个景物，在不同的光线条件下，呈现的是不一样的状态，达到一个拍摄者想要的和谐画面，如图 2-3-28 所示。有时我们需要通过暗部来衬托亮部，有时我们需要通过亮部来衬托暗部。这样的对比，可以使画面更加有层次感、立体感和轻重感。

图 2-3-28　明暗对比

（4）动静对比

所谓动静对比，是指画面中同时存在静止与运动的物体，如图 2-3-29 所示。动与静，本来是两相矛盾的两种形态，通过两者不同状态的对比来表现画面的动感，或以静衬动，或以动表静，所以动静对比对于摄影来说，是非常重要的一种表现形式。

图 2-3-29　动静对比

（5）色彩对比

摄影的艺术表现力包括很多方面，而色彩作为摄影创作中不可或缺的元素，对于照片的美观程度具有直接的影响力。举例来说，通过运用红与绿、红与蓝、黄与蓝、橙与蓝等具有强烈对比效果的色彩构建画面，可以给予观众强烈的色彩冲击和视觉体验，如图 2-3-30 所示，利用大片深浅不一的绿色叶子衬托洋红色的荷花。所谓"万绿丛中一点红"就是这个道理。洋红色与绿色本身就是互补色，二者之间色彩反差很大，再加上偏暗的绿色背景，因此这种色彩对比效果也就更加强烈。

图 2-3-30　色彩对比

值得注意的是，我们在使用对比色构图时，场景中的颜色最好不要超过 3 种，否则就会因为色彩的繁多造成视觉上的杂乱，不利于各元素之间的色彩对比关系。

3.3 用光基础

☞ 1. 影调

影调是照片的基调，其实也就是我们常说的光影。影调是通过处理照片的明暗关系层级来塑造造型，表达情感，渲染氛围，所以调整影调就是处理照片的黑白灰之间的关系。

（1）影调可以分为不同的类型，根据被拍摄物明暗分布的不同，影调可分为高调、低调和中间调。

①高调：又称"明调"，指从中性灰到白的影调形态。高调给人明朗之感，适宜表现幸福、甜蜜、欢愉之类的影片主题，如图 2-3-31 所示。

图 2-3-31　高调图片

②低调：又称"暗调"，以浅灰至黑色以及偏低亮度为主。暗调表现沉重、悲怆、压抑、痛苦、怅惘等画面意趣与主题，如图 2-3-32 所示。

图 2-3-32　低调图片

③中间调：指黑、白、灰分布均匀的影调，浓淡相间，层次丰富。有利于立体感、质感的形成与表现，如图 2-3-33 所示。

图 2-3-33　中间调图片

（2）根据被拍摄对象明暗对比情况，影调又可以分为硬调、软调和中间调。

①硬调：是指明暗、色彩对比极为强烈，反差特别大的影调。比如，恐怖片、谍战片中诸多的暗室情节、诡异内容常常使用"硬调"来表现。

②软调：是指明暗、色彩过渡自然，反差较小的影调。软调给人以细腻、亲切、柔和等画面感觉，可以较为细致地表达比较软性、美的情感描写、人物造型等。

③中间调：是指反差适中的影调。

2. 直射光

在天气晴朗的条件下，太阳光直接照射在人物身上，受光处产生较亮的区域，背光处则形成明显的阴影，这种光线称为直射光，如图 2-3-34 所示，直射光突出了山体的轮廓，使其明暗对比更加明显，亮部的细节丰富，暗处的细节较弱，照片整体看上去更加立体。同样，室内不经过柔光装置的光线也为直射光，如发亮的 LED 灯，眼睛直接观看的话会非常的刺眼。直射光属硬光，在拍摄人像时经常会产生明显的阴影，使得画面较有立体感，但不利于表现人像的肌肤质感。

图 2-3-34　直射光

（1）直射光的优缺点

①优点

强烈的阴影和立体感。直射光能够在被拍摄物体上产生强烈的阴影，为画面带来鲜明的立体感，使被拍摄物体更加突出和生动。

突出轮廓和明暗对比。直射光能够清晰地勾勒出被拍摄物体的轮廓，并增强其明暗对比，使照片更加有层次感。

亮部细节丰富。直射光下，亮部的细节能够得到很好的展现，使照片更加细腻和真实。

②缺点

不利于展现肌肤质感。直射光产生的阴影较强烈，可能会使人像的肌肤看起来不平滑，从而不利于展现肌肤的质感。

刺眼和不舒适。在室内环境下，如未经柔化的 LED 灯发出的直射光可能会使人感到刺眼和不舒适，影响拍摄体验。

（2）直射光拍摄技巧

①选择合适的时间和角度

在户外使用直射光时，选择合适的时间和角度至关重要。最好避开中午，选择早晨或黄昏时分，因为此时的阳光柔和，阴影不会过于强烈，如图2-3-35所示。

图2-3-35　白昼室内直射光

②控制光源数量和强度

在室内使用直射光时，要注意控制光源的数量和强度。过多的光源或过强的光线可能导致画面过于复杂或刺眼。建议使用单一的光源，并根据需要调整其强度和角度。

③使用反光板或填充光

在拍摄人像时，为了减轻直射光产生的强烈阴影，可以使用反光板将光线反射到被拍摄人物的阴影部分，使肌肤看起来更加平滑，如图2-3-36所示，使用反光板在远处对人物的面部进行测光，得到曝光合适的画面。此外，也可以使用填充光来平衡亮部和暗部的光线，使肌肤质感得到更好的展现。

图 2-3-36　使用反光板拍摄

④使用遮光板或遮光罩

为了避免直射光直接照射到镜头或产生眩光，可以使用遮光板或遮光罩来阻挡多余的光线。这有助于提高画面的清晰度和对比度。

3. 散射光

散射光是由于光线在各物体之间经过反射，光线的传播方向发生改变而向不同角度散射。在散射光的环境中，没有明显的光源，即光线没有方向性，照片中明暗反差较弱，缺乏光影效果。自然界中的阴天、树荫下、屋檐下的光线；室内透过窗户后的光线、加有柔光罩的 LED 灯等都属于散射光，如图 2-3-37 所示。

图 2-3-37　散射光

（1）散射光的优缺点

①优点

对于新手来说，散射光有两大优势：拍摄难度相对较低，不用考虑太多侧光、逆光等问题；散射光在一天之中的强度变化不明显且柔和，对拍摄时间的要求相对不那么苛刻。

②缺点

散射光最大的缺点在于光线没有直射，所以人物面部缺少立体感和明暗层次对比，也无法营造出逆光等各种光影效果，画面总体色彩较平淡，缺少亮点。

（2）散射光的拍摄技巧

①阴天拍摄属于典型的散射光，此时画面容易陷于平淡，缺乏鲜艳的色彩冲击，所以最好把一些有色彩的物体加入画面，如图 2-3-38 所示。

图 2-3-38　散射光下的芍药花

②在散射光条件下拍摄距离的远近与色彩饱和度是成正比的。拍摄距离越近，景物的色彩越鲜艳，距离越远，色彩越淡，因此应尽量选择一些中景、近景或特定景进行拍摄，不宜拍摄一些全景的大场面，如图 2-3-39 所示。

图 2-3-39 近距离利用散射光拍摄

③我们也可以将照片直接处理成黑白，使用黑白效果可以让照片更富有表现力。

3.4 光线

1. 顺光

所谓顺光，就是光线从相机后面照射过来，摄影师背对着光线，被拍摄对象则正对着光线正面充分受光，如图 2-3-40 所示。顺光的特点是受光均匀，易于控制曝光，但缺乏立体效果。大自然中，日出日落阶段有时会出现顺光；在城市中，顺着车灯等光源拍摄也会呈现出顺光的特点。

图 2-3-40 顺光人像

（1）顺光的优缺点

①优点：被拍摄对象受光面积大，画面细节丰富，色彩鲜艳，饱和度高，能够使人物皮肤显得光滑细腻，增强时尚感、年轻感、光滑感。

②缺点：可能导致画面平淡，缺少影调变化和立体感，不利于表现被拍摄对象的质感和层次；或者导致远近景物在亮度和影调上没有明显变化，难以形成强烈的明暗对比和空间感。

（2）顺光拍摄技巧

①避免摄影师影子入画。顺光拍摄时，光源和摄影师同一方向，在拍摄距离较短的情况下，摄影师的影子很容易乱入画面，因此拍摄时一定要找好角度规避这一点。

②选择光线柔和的时间段拍摄。顺光拍摄时，光线直接投射在被拍摄对象的正面。如果被拍摄对象是人物，很容易因为强光直射而睁不开眼睛，难以控制表情。

图 2-3-41　顺光人像

③人为打造立体感。摄影师在顺光拍摄时，建议可以利用构图、颜色差异、调整光圈等方式，加强对象与背景的分离度，营造画面空间感和层次感，如图 2-3-41 所示。

2. 逆光

逆光，也称背光，是一种特殊的光线条件，其特点是光源的照射方向与摄影机的拍摄方向完全相反。这意味着当摄影师将镜头对准光源时，能够捕捉到一种显著的剪影效果，从而将被拍摄对象的轮廓清晰地展现出来。当利用逆光拍摄树叶或花草，不仅能突显出它们的轮廓，还能赋予它们一种晶莹剔透的质感，如图 2-3-42 所示。特别是在早晨日出后以及傍晚日落前的一个小时左右，利用逆光拍摄剪影的效果最为出色。

图 2-3-42　逆光下的格桑花

（1）逆光的特点

①在逆光照射下，光线将人物的发丝装点得如同金色的边缘，这种效果不仅令人惊艳，更在时间的流转中展现出一种温柔与美好。它完美诠释了人物的温婉气质与宁静生活的态度，使其达到了极致的表达效果。

②逆光摄影中特有的光晕效果赋予画面一种朦胧的美感，如同电影中的蒙太奇手法，引导人们去发掘生活中那些不经意间流露出的美好。

③逆光摄影的另一个显著特点是其强烈的纵深感。在光感度和色彩饱和度的微妙对比中，前景与背景共同构建出一种空间上的远近关系，使得画面层次丰富，立体感十足。

（2）逆光的拍摄技巧

①拍摄时间

拍摄逆光照片需要充足的光线，所以最好选择在晴天拍摄。日落前一小时左右最好，因为傍晚时分太阳光线比较柔和，而且随着时间的推移，光线颜色由明亮的白色逐渐变成暖暖的橙黄色，得到的逆光效果会更有意境。

②光位

拍摄的时候，让"太阳—被拍摄对象—相机"位于同一条直线上，相机正对太阳的方向，这样就叫正逆光拍摄，如图 2-3-43 所示。

图 2-3-43　正逆光

3. 侧光

侧光是指光线从被拍摄对象的侧面照射的情况，侧光在被拍摄对象上形成明显的受光面、阴影面和投影，画面明暗反差鲜明、层次丰富，多用于表现被拍摄对象的空间深度感和立体感。

（1）侧光的分类

侧光依照角度大致可以区分为前侧光、正侧光和侧逆光，侧光的角度不同，营造的效果和适用的拍摄题材也不同。

①前侧光

光源位于相机的左侧或右侧，光照方向与相机方向成45°角，被称为前侧光，如图2-3-44所示。

图 2-3-44　前侧光

②正侧光

光照角度与相机方向成90°角的光位称为正侧光，如图2-3-45所示。正侧光照射下，景物的明暗反差极大，利于拍摄高反差的暗调作品。

图 2-3-45　正侧光

③侧逆光

侧逆光又叫作后侧光，指的是从被拍摄对象的侧后方射来的光线，使用后侧光，被拍摄对象的受光面积较小，明暗对比强烈，可以用来表现被拍摄对象的轮廓美，因此也常用来拍摄形态优美的人像，如图 2-3-46 所示。

图 2-3-46　侧逆光

（2）侧光的特点

①独特的阴影效果。侧光可以产生拍摄物体的清晰、深刻的阴影效果，这是其他类型的光照不能达到的。

②强调物体的纹理。侧光可以使拍摄物体的纹理更加清晰，特别是在拍摄一些自然界的条件下所创造的纹理，如山壁、岩石等；或是拍摄室内物体的纹理，如纺织品、皮革等。

③渲染物体的表现力。侧光不仅可以强调物体的阴影和纹理，还可以提升物体的表现力，特别适合在拍摄室内摄影作品的时候，例如食物摄影、珠宝摄影等。

👉4. 顶光

顶光是指光源位于被拍摄对象上方，最具代表性的顶光就是中午的阳光，还有室内的光线也多半是这样的方向照射。这个方向的光会使脸部皮肤纹理平顺，塑造出脸部骨骼的立体感，如图 2-3-47 所示。并且，顶光善于表现景物的上下层次，如风景画面中的高塔、茂密树林等会被照射出明显的明暗层次。在自然界中，亮度适宜的顶光可以为画面带来饱和的色彩、均匀的光影分布及丰富的画面细节。

图 2-3-47　顶光

（1）顶光拍摄技巧

①调整拍摄角度

尽管顶光的光影效果可能不太好，但通过改变拍摄角度，可以抵消其不利因素。顺着光线的角度，垂直向上拍摄，可以将顶光转变为逆光。这样的拍摄方式，虽然光比很大，色调可能不够美观，但却很适合拍摄某些题材，如雪花飘洒的场景。如图 2-3-48 所示，在积雪的树枝下等待风吹动树枝，积雪飘洒的时刻向上仰拍，顶光变成的强逆光透过树叶和积雪，可以突出它们的质感，使白雪更显晶莹。

图 2-3-48　顶光变为逆光

②利用光影效果

虽然顶光的光影效果通常不太明显，但在拍摄一些特殊对象时，例如有镂空结构、大屋檐、大斜坡或大曲面结构的建筑时，顶光会产生丰富的影子。这些影子可以投下面积很大，但并不浓厚的阴影，同时照亮云体本身，产生独特的光影效果。

③人物拍摄的注意事项

在使用顶光拍摄人物时，需要注意避免人物脸部扭曲。在室外拍摄时，中午的强光可能会让被拍摄者睁不开眼，面部表情扭曲僵硬。此时，可以准备墨镜或遮阳帽等物品，帮助被拍摄者舒展脸部表情，如图 2-3-49 所示。此外，为了避免顶光造成的熊猫眼阴影，可以将人物的脸部昂起朝向光源，改变顶光在人物面部的光影结构。还可以在顶光之下使用物体（半透明或者不透明）进行遮挡，将人物的脸部安排在物体的投影之中，以柔化顶光，减少明暗反差。

图 2-3-49　借助遮阳帽在强光下拍摄

5. 底光

底光拍摄与顶光拍摄有着截然不同的特点和应用场景。底光是从下方照射到被拍摄对象的光线，一般情况下自然光中没有这种光线，往往需要人工照明制造这种光线，如图 2-3-50 所示。底光通常会使被拍摄对象产生一种神秘、诡异或戏剧性的视觉效果。

图 2-3-50　烛光底光

（1）底光拍摄技巧

①调整拍摄角度

与顶光拍摄类似，拍摄角度的调整对于底光拍摄也至关重要。通过调整相机角度，可以使底光产生不同的视觉效果。例如，从低角度向上拍摄可以将底光转化为一种类似于聚光灯的效果，突出被拍摄对象的轮廓和质感。

②利用光影效果

底光通常会产生一种独特的光影效果，使被拍摄对象呈现出一种不同寻常的视觉效果。这种光影效果可以用于创造一种戏剧性的氛围，例如恐怖、悬疑或神秘的电影场景中经常使用底光拍摄。

③人物拍摄的注意事项

在使用底光拍摄人物时，需要注意避免人物脸部出现扭曲或阴影。由于底光是从下方照射的，因此可能会在人物的脸上产生不自然的阴影，尤其是鼻子下方和眼睛周围。为了避免这种情况，可以通过调整灯光的位置或使用反光板来柔化光线。

6. 剪影效果

剪影摄影是一门突出被拍摄对象，展现其外形、姿态及轮廓等特征的艺术形式。它的拍摄对象可以多样，包含人物、物品或特定场景，如图 2-3-51 所示。在剪影作品中，被拍摄对象通常只以黑色轮廓呈现，不展现其纹理、色彩等细节。为达到这一效果，摄影师会运用逆光拍摄技巧，让明亮的背景与被拍摄对象形成对比，以此来捕捉和呈现迷人的剪影瞬间。这种拍摄方式要求摄影师精准掌握光线与角度，从而创造出令人难忘的视觉效果。

图 2-3-51　剪影

（1）剪影的特点

①反差大。照片的层次不丰富，有时甚至只有黑白两色。这导致照片内容相对单一，但高反差的特点过滤掉了许多繁杂的元素，使对象更加突出，让照片更富有视觉冲击力。

②表意抽象。照片的表意方式倾向于抽象，而非完全写实。拍摄者可能会隐藏照片的主题，或根本没有明确的主题。这种风格更注重调动观者的主观意识，将不同角度的认知和解读留给他们。

③表现形式独特。剪影注重用线条和大光比来表达情感和主题。通常会选择韵律感强烈的线条，并利用光斑、色块、投影等元素来强化对象的视觉效果，将难以言表的抽象美展现出来。

（2）剪影的拍摄技巧

①选择合适的时间和拍摄背景

拍剪影可选择明亮、干净的背景，如水面、天空，如图2-3-52所示。时间选择在日出或日落，这时候天空的光线变化更加多样。一般来说，我们可以利用日出日落时的逆光，因为这时的光线最柔和，看上去不刺眼，是拍摄的好时机。剪影的对象要取近景或中景，不宜在远景条件下拍摄。

图 2-3-52　树木剪影

②运用逆光拍摄技巧

逆光拍摄是剪影摄影的关键。在拍摄时，将相机对准明亮的背景，使被拍摄对象背对光源，这样可以在背景上形成清晰的轮廓。逆光拍摄时需要注意曝光控制，通常要适当减少曝光量，以便更好地突出被拍摄对象的轮廓。

③控制拍摄角度和构图

拍摄角度和构图对于剪影摄影来说也非常重要。通过调整拍摄角度，可以改变被拍摄对象的轮廓和线条，从而创造出不同的视觉效果，如图2-3-53所示。在构图时，可以运用线条、形状和对比等元素，使画面更加生动和有趣。

图 2-3-53　人物剪影

第4章 拍摄角度与镜头语言

4.1 认识拍摄角度

在实际摄影中，即使是在相同的时间、地点，针对同一场景进行拍摄，由于拍摄角度的不同，最终的照片也会呈现出截然不同的效果。这充分说明了拍摄角度在摄影创作中的重要性。通过调整拍摄角度，可以创造出丰富多样的画面效果，从而更好地展现出我们的艺术意图和审美观念。因此，在拍摄过程中，我们可以灵活运用不同的拍摄角度，以获取最符合自己创作需求的画面效果。

1. 拍摄高度

（1）平角拍摄

所谓平视，就是指相机与被拍摄对象基本处于同一水平位置，保持平行的角度对被拍摄对象进行拍摄，如图2-4-1所示。

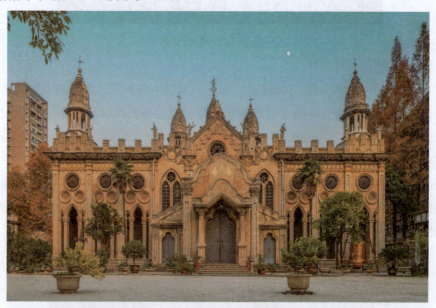

图2-4-1 平角拍摄建筑

平角拍摄的特点：

①视觉效果自然。由于镜头与被拍摄对象保持水平对齐，这种拍摄方式所带来的视觉效果与我们日常生活中的观察习惯相契合，从而确保被拍摄对象在画面中呈现出自然的形态，避免了不必要的形变，如图2-4-2所示。

图 2-4-2　平角拍摄植物

　　②画面结构稳固。通过平角拍摄，画面呈现出一种稳固、安定的感觉。由于镜头不偏不倚地捕捉场景，画面中的对象形象地呈现出平凡而和谐的特点，为观众带来平等、客观、公正、冷静而亲切的视觉体验。

　　③构图对称。正面拍摄时，镜头的光轴与被拍摄对象的视平线或中心点保持一致，从而形成了正面拍摄的效果。这种拍摄方式使画面呈现出端庄、对称的美感，为观众带来视觉上的享受。

　　④适合表现人物交流。由于平角拍摄所呈现出来的画面与人眼的透视关系和结构形式相近，因此非常适合展现人物间的感情交流和内心活动，如图 2-4-3 所示。这种拍摄方式可以让观众更深入地理解人物的情感和内心世界。

图 2-4-3　平角拍摄人物

⑤当使用长焦距镜头进行平角拍摄时，可以营造出画面形象饱满的效果，甚至产生某些夸张的视觉体验，如让观众感受到画面中存在拥挤、堵塞的视觉效果等。这种拍摄方式不仅丰富了画面的表现力，还为观众带来了更加独特和引人入胜的视觉享受。

（2）俯角拍摄

俯角拍摄是一种从上往下、由高向低的俯视效果，如图2-4-4所示。在这种拍摄方式下，摄像机的镜头位置高于被拍摄对象的视平线，使得画面中的地平线上升至画面上端，或从上端完全消失。通过俯角拍摄，地平面上的景物得以展开来，给人一种冷静、客观的感觉，有助于传达严肃、庄重的情感或氛围。

图 2-4-4　俯角拍摄街道

俯角拍摄的特点：

①视觉上的威严感与纵深感。从高处向下拍摄，画面被赋予一种威严与深远的感觉。被拍摄对象显得相对较小，有助于强调其在环境中的地位或规模。

②突出地面景物。地面上的景物，如道路、建筑、人群等，在俯角拍摄下更加清晰和突出。这种拍摄方式有助于展现地平面景物的层次和数量，突显其地理位置和盛大的场面。

③强调透视关系。俯角拍摄可以强化画面中的透视关系，使得近处的物体显得较大，远处的物体显得较小，增强了画面的空间感。

俯角拍摄的技巧：

①选择合适的拍摄位置。俯角拍摄需要选择一个较高的位置，如建筑顶部、山顶，或用无人机等进行拍摄，以获得所需的视角。

②光线与角度。选择合适的时间和角度，以获得最佳的光线和画面效果，如图2-4-5所示。

图 2-4-5 俯角拍摄人像

③使用三脚架或稳定器。俯角拍摄时，由于镜头位置较高，容易受风等外部因素影响，建议使用三脚架或稳定器以确保画面的稳定性。

④构图与剪裁。在俯角拍摄中，构图和剪裁同样重要。确保画面中的元素平衡、有序，同时根据需要适当剪裁，以突出主要景物或传达特定情感。如图 2-4-6 所示的俯拍图中，运用了对角线构图法，使画面更具张力。

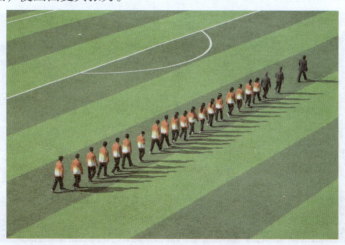

图 2-4-6 对角线构图

⑤后期处理。俯角拍摄的画面可能需要一些后期处理来强化效果，如调整色彩、对比度和锐度等。

（3）仰角拍摄

仰角拍摄，就是相机进行低机位拍摄时，相机机位处在被拍摄对象视平线以下的机位。此时，相机镜头处于一个仰视的角度，如图 2-4-7 所示。这种角度会使被拍摄对象产生下宽上窄的变形效果，特别是在使用广角镜头后，这种变形更加明显。当我们距离被拍摄对象越近时，变形效果越明显；当我们距离被拍摄对象越远时，变形效果越微弱。

图 2-4-7　仰拍高楼大厦

仰角拍摄的特点：

①突出对象，净化背景。仰角拍摄可以使画面前景突显，背景相对压缩，有助于突出主题，使构图更加简洁。例如，拍摄树上高处的花朵时，以天空为背景，可以使花色更加明艳。

②夸张跳跃高度和腾空动作。仰角拍摄能够夸张跳跃高度和腾空动作，具有很强的视觉冲击力。如图 2-4-8 所示，用仰角拍摄跑步的动作，给人的画面感受要比生活中的实际感受强烈得多。

图 2-4-8　仰角拍摄跑步

③校正人物面部缺陷。仰角拍摄人物时，既可以夸张人物形体及面部特征，又能校正人物面部缺陷。

体现权威性和视觉重量感。仰角拍摄的画面中被拍摄对象显得高大挺拔，具有权威性，视觉重量感比正常平视要大。因此画面带有赞颂、敬仰、自豪和骄傲等感情色彩，常被用来表现高大、庄严、伟大的气概和情绪，如图 2-4-9 所示。

图 2-4-9　仰角拍摄人物

仰角拍摄的技巧：

①仰拍会让画面中的对象呈现出高耸、庄严、伟大或上升的视觉效果。仰拍时，一般会采用超广角。

②仰角拍摄时，由于大面积的亮部（天空）会影响相机的测光结果，如图 2-4-10 所示，可以选择"点测光模式"对着对象测光，从而拍出理想曝光的作品。

图 2-4-10　采用点测光模式

仰拍时，背景的选择也很重要。如果想要突出对象，可以选择单一的背景，如天空、草地或墙壁等。但如果想要表现场景的氛围，可以选择一些元素较多的背景，如城市街道、森林或人流等。

在仰角拍摄时，为了达到更深远的画面景深，提升画面意境的表达效果，推荐使用较小光圈，如图 2-4-11 所示。

图 2-4-11　采用小光圈

2. 拍摄方向

拍摄方向指的是以被拍摄对象为中心，在同一水平面上围绕被拍摄对象的四周选择摄影点，通常分为正面、侧面、背面以及斜侧面。使用的拍摄方向不同，产生的效果自然就不一样。

（1）正面

正面就是从拍摄对象的正面进行拍摄，用来展现其正面面貌，如图 2-4-12 所示。比如拍证件照，最重要的是能够从正面看清楚五官，或是拍摄建筑时，正面拍摄美感会更强烈一些。它能够产生庄重美和对称美，但这样拍摄有时会使得被拍摄对象显得呆板。

图 2-4-12　正面拍摄

适合使用正面拍摄的摄影场景及题材：证件照、对称式物体、纪实人像和风光摄影题材等。

（2）侧面

摄影师选择侧面方向拍摄时，镜头与被拍摄对象的正面呈 90° 角，即正左方和正右方，如图 2-4-13 所示。若被拍摄对象的正面轮廓不够鲜明，侧面拍摄会是一个很好的选择。侧面拍摄能够呈现出强烈的立体感，营造出空间感，并增强线条的透视效果，为画面带来更加丰富的视觉效果和层次感。

在进行侧面拍摄时，可以根据需要适当调整摄影机的位置，以获得最佳的拍摄效果。同时，对光圈进行设置，可以进一步优化画面的景深和意境表达。

图 2-4-13　侧面拍摄

适合使用侧面拍摄的摄影场景及题材：光影人像、逆光剪影人像、立体感强的人像、轮廓感强的人像摄影及风光摄影题材等。

（3）斜侧面

斜侧面拍摄既不是对着拍摄对象的正面，也不是对着他的侧面拍摄，而是从被拍摄对象的稍侧直至接近全侧的各方向上拍摄的摄影方法。这种拍摄方法可使画面上既有被拍摄对象的正面细节，又能表现其一部分侧面的特征，可以充分表现被拍摄对象的纵深感和立体感，如图 2-4-14 所示。斜侧面是摄影中经常采用的一种拍摄方法，经常用来拍人物或者建筑。

图 2-4-14　斜侧面拍摄

（4）背面

背面就是从拍摄对象的背面进行拍摄，如图 2-4-15 所示。尽管在日常拍摄中背面往往不是焦点所在，且背面拍摄的使用频率相对较低，然而它仍具有独特的魅力。背面拍摄通过巧妙地展示背景环境，采用更为内敛的手法传达深层的意义，为画面注入了神秘和不确定的氛围，从而赋予了人们更广阔的想象空间。摄影师在进行背面拍摄时，可以充分利用这些特点，创造出富有深度和内涵的影像作品。

图 2-4-15　背面拍摄

3. 拍摄的心理角度

从心理学角度上，拍摄角度可以分为主观性角度和客观性角度，也就是主观镜头和客观镜头。

（1）主观镜头

主观镜头就是将摄影机置于视频中的某个人物的视点上，以该人物的感受向观众交代或展示景物，如人物在梦中、流泪、醉酒、从昏迷状态苏醒时、眼疾手术后重见光明等情景下看到的画面。主观镜头常用来表现特定人物的特定感受，带有强烈的主观色彩，可以使观众有身临其境、感同身受的感觉，进而产生情感共鸣。

（2）客观镜头

客观镜头就是以一种客观的角度进行拍摄的镜头，拍摄者的主观色彩不明显，主要是将拍摄内容客观地呈现出来，通常较为冷静、从容，往往能给观众一种客观的印象。现在的视频以客观镜头为主，只有少数情况下才需要运用主观镜头来表达信息。

4.2　镜头基础

镜头是影像创作的基石，它涵盖了不同类型的镜头，包括长镜头、短镜头、空镜头和定焦镜头。长镜头能够展现连续的场景和动作，让观众身临其境；短镜头则可以突出细节和情感，增强节奏感；空镜头可以营造氛围和传递情感；定焦镜头能够突出对象，表达深度和质感。不同类型的镜头运用可以丰富视频内容，增强表现力和艺术感染力。

1. 长镜头

长镜头是一种拍摄手法，它的概念是相对于蒙太奇的概念提出来的。长镜头是指用比较长的时间对一个场景、一场戏进行连续地拍摄，形成一个比较完整的镜头段落，一般一个超过 10 秒的镜头称为长镜头。

长镜头在电影制作中占据着举足轻重的地位，它可以分为固定长镜头、景深长镜头和运动长镜头三种类型。

（1）固定长镜头

固定长镜头是指机位固定不动、连续拍摄一个场面所形成的镜头。如图 2-4-16 所示，画面中大量蝙蝠穿过天空，夕阳的余晖为它们勾勒出更加神秘且壮观的轮廓，不仅增强了剧情的紧张氛围，同时也能使人们更好地融入情节中。

图 2-4-16　固定长镜头

（2）景深长镜头

景深长镜头是指用拍摄大景深的技术手段拍摄，使处在纵深处不同位置上的景物（从前景到后景）都能看清，这样的镜头称为景深长镜头。如图 2-4-17 所示，景深长镜头可以让远景、全景、中景、近景、特写镜头都很清晰。

图 2-4-17　景深长镜头

（3）运动长镜头

用摄影机的推、拉、摇、移、跟等运动拍摄方法，形成包含不同景别以及拍摄角度(如方向、高度等方面)变化的长镜头，称为运动长镜头。如图 2-4-18 所示，火车呼啸而来，运用多种运动拍摄方法展现出其惊人的速度和力量，同时也将不同景别、不同角度的画面显示在一个镜头中。

图 2-4-18　运动长镜头

2. 短镜头

　　短镜头通常指的是拍摄时间较短的镜头，一般时长在 3 秒以内的镜头可以称为短镜头。短镜头的主要作用是突出画面一瞬间的特性，具有很强的表现力。短镜头多用于场景快速切换和一些特定的转场剪辑中，通过快速的镜头切换达到视频要表现的目的。如图 2-4-19 所示，拍摄一段百花盛开的视频，就是采用多个短镜头拼接而成，使得画面内容连贯、流畅。

图 2-4-19　短镜头

3. 空镜头

空镜头，又称景物镜头，是指视频中只有自然景物或场面描写而不出现人物的镜头，如图 2-4-20 所示。空镜头常用来介绍环境背景、交代时间空间、抒发人物情绪、推进故事情节、表达作者态度等，具有说明、暗示、象征、隐喻等功能。在短视频拍摄中，空镜头能够产生借物抒情、见景抒情、情景交融、渲染意境、烘托气氛、引起联想等艺术效果，在情节的时空转换和调节影片节奏方面也有独特的作用。

图 2-4-20　空镜头

空镜头有写景与写物之分，写景空镜头为风景镜头，往往用全景或远景表现，以景为主、以物为陪衬，如群山、山村、田野、天空等；写物空镜头又称细节描写，一般采用近景或特写，以物为主、以景为陪衬，如飞驰而过的火车、行驶的汽车等。如今空镜头已不单纯用来描写景物，而是成为视频创作者将其与抒情手法和叙事手法相结合，来加强视频艺术表现力的重要手段。

4. 固定镜头

固定镜头是指在一个镜头的拍摄过程中，摄像机位置、镜头光轴和焦距都固定不变，画面所选定的框架保持不变，而画面中的被拍摄对象可以是静态的，也可以是动态的。人物和物体可以任意移动、入画出画，同一画面的光影也可以发生变化。如图 2-4-21 所示，使用固定镜头来拍摄，鸟儿的形态特征得到了更加突出的展现。

图 2-4-21　固定镜头

4.3　运动镜头

运动镜头就是在一个镜头中，通过移动机位，或者改变镜头远近、焦距变化来进行短视频拍摄。通过运动镜头，我们能更好地引导观众的视线，展现场景的广度和深度，增强故事的表现力和感染力。无论是追逐场景的紧张刺激，还是风景的悠然美丽，运动镜头都能为视频注入新的活力与魅力。

1. 推镜头

推镜头是指沿着摄像机拍摄的方向由远及近地靠近被拍摄对象，被拍摄对象的位置不动。推镜头有两种方式，一种是机位推，就是变换摄影机的位置形成的推镜头；另外一种是手动改变镜头焦距，使画面框架由远至近地向被拍摄对象不断靠近。

镜头推进速度的快慢，要与画面的气氛、节奏相协调。推进速度缓慢，给人以抒情、安静、平和等感受；推进速度快则可表现紧张不安、愤慨、触目惊心等气氛。

如图 2-4-22 所示，镜头的拍摄对象是一个小男孩，将镜头不断向前推进，小男孩的面部在画面中的占比逐渐增大，次要部分逐渐被移出画面，小男孩的面部表情逐渐变得清晰，从而使观众更深刻地体会到小男孩的内心活动。

图 2-4-22　推镜头拍摄画面

（1）推镜头的画面特征

①有明确的拍摄对象。

②形成由远及近，不断推进的前移效果。

③被拍摄对象由小变大，周围环境由大变小。

（2）推镜头的作用

①突出被拍摄对象和重点形象，或突出重要细节。

②在一个镜头中介绍整体与局部、环境与对象的关系。

③推进速度的快慢可以影响和调整画面表现节奏。

④突出重要元素来表达对象特定的含义。

2. 拉镜头

拉镜头和推镜头刚好相反，是摄影机由近而远向后移动，离拍摄对象越来越远，取景范围由小变大的一种拍摄方式。拉镜头有两种方式，一是机位移动，摄影机沿直线逐渐向后拉远，让镜头远离拍摄对象；另外一种则是机位不动，通过调整镜头焦距，把长焦调整为广角，就实现了拉镜头的运动效果。

拉镜头通常可以呈现一些人物与环境的关系。拍出来的画面内容更为丰富。使用这种拍摄手法可进一步渲染画面氛围，适合拍摄旅途中的人物与环境。

如图 2-4-23 所示，镜头拍摄的对象是一条跨海公路，随着镜头缓缓拉远，原本宽阔的公路在画面中逐渐变得越来越细，越来越长，公路上行驶的车辆也变得越来越小，从高空俯视，它像一条细长的玉带，穿梭在海浪的拥抱中，延伸向远方的天际。这一切的变化都使得画面被赋予了一种抒情的氛围。

图 2-4-23　拉镜头拍摄画面

（1）拉镜头的画面特征

①形成由近至远、逐渐展开的视觉效果。

②被拍摄对象在画面中由大变小，周围环境则逐渐变大。

（2）拉镜头的作用

①有利于表现对象与所处环境之间的关系。

②取景范围能够从小到大不断扩展。

③以对象的局部关注点为起幅，有利于引导观众想象整体形象。

④在一个镜头中画面景别保持连续变化可以让画面连贯。

⑤与推镜头相比，拉镜头能使观众产生微妙的感情色彩，增加好奇心。

⑥常作为结束性和结论性的镜头，也可作为转场镜头。

3. 移镜头

移镜头是指摄影机沿着水平方向移动，镜头跟随被拍摄对象同步移动，而被拍摄对象的大小不会发生明显的变化。移镜头和生活中人们边走边看的状态比较类似，是一种符合人眼视觉习惯的拍摄方法，所有被拍摄对象都能平等地在画面中展示出来。

移镜时镜头的方向不仅要呈一条直线，而且镜头的稳定性也非常重要。在一些影视剧的拍摄中，为了获得流畅而自然的镜头效果，导演们经常会使用滑轨这一专业设备来辅助完成拍摄。而在日常生活中，我们也可以用简单的方式来模拟这种效果，只需双手握住手机，保持身体摆动，通过缓慢移动双臂便可以实现平移镜头的操作。

如图 2-4-24 所示，首先看到的是两条鱼儿在游，通过镜头的缓慢移动，然后就看到其他小鱼儿们在嬉戏追逐，一片和谐而又生机勃勃的景象。这种移动，不仅使观众产生一种置身其中的感觉，同时也增强了画面的感染力。

图 2-4-24　移镜头拍摄画面

（1）移镜头的画面特征

①画面内的物体不论是处于运动状态还是静止状态,都会呈现出位置在不断移动的感觉。

②有助于让观众感受到画面动与静之间的关系,使观众产生身临其境之感。

③在一个镜头中构成一种多景别、多构图的造型效果。

（2）移镜头的作用

①移镜头极大地拓展了画面的构图空间,从而创造出别具一格的视觉美学体验。

②在面对广阔的场景、深远的纵深、繁复的景物以及多层次的复杂环境时,移镜头的运用能够展现出磅礴大气的视觉效果,极大地提升画面的表现力。

③移镜头不仅具有客观性，还能够展现出主观倾向，通过富含情感色彩的镜头语言，画面更为自然、生动，带给观众更为强烈的真实感和现场感。

④摆脱了固定拍摄的束缚后，移镜头形成了多样化的观察角度，能够灵活地展现各种运动状态下的视觉效果，使得画面更为生动且富有变化。

4. 跟镜头

跟镜头又叫作跟拍，是跟随被拍摄对象进行拍摄的一种方式。跟镜头的画面中，拍摄对象不变，周围的景物随着镜头的变化而变化，有特别强的空间移动的感觉，适用于连续表现人物的动作、表情或细部的变化。

跟镜头这种拍摄方式没有固定的规则，只要跟着拍摄对象即可。不过，为了保证拍摄画面的稳定性，我们可以给设备加上稳定器。

跟镜头又分为正跟镜头、侧跟镜头和背跟镜头，如图 2-4-25 所示的画面为背跟镜头，镜头跟随拍摄对象的步伐进行移动，展现出一种紧张的气氛。由于摄影机位于被拍摄对象的背后，所以有监视或是跟踪的含义。多用于犯罪、动作片里的追逐戏，也多见于惊悚片里凶手（或怪物）等追逐厮杀的片段。

图 2-4-25　跟镜头拍摄画面

（1）跟镜头的画面特征

①画面始终跟随被拍摄对象。

②镜头运动速度与拍摄对象基本保持一致。

③对象在画面中的位置、面积相对稳定。

④背景始终处于变化之中。

（2）跟镜头的作用

①跟镜头能够连续而详尽地表现运动中的被拍摄对象，它既能突出对象，又能交代对象运动方向、速度、体态及其与环境之间的关系。

②跟镜头跟随被拍摄对象一起运动，形成一种运动的对象不变、静止的背景变化的造型效果，有利于通过人物引出环境。

③从人物背后跟随拍摄的跟镜头，由于观众与被拍摄对象的视点统一，从而表现出一种主观性镜头。

④跟镜头对人物、事件、场面跟随记录的表现方式，在纪实性节目和新闻的拍摄中有着重要的纪实性意义。

5. 摇镜头

摇镜头的拍摄方法和移镜头类似。摇镜头是指在摄影机机位不变的情况下，通过摄影机机身的上、下、左、右均匀摇动所拍摄的镜头，就如同一个人在门口用眼睛扫视房间内的其他人。摇镜头的运用，在一定程度上也体现了摄影师的视觉选择和导向。

如图 2-4-26 所示为摇镜头画面，拍摄对象是南京长江大桥，一列火车疾驰在南京长江大桥上，随着镜头的摇动，大桥的壮丽结构逐渐展现在眼前，火车穿梭其间，与江水的宁静形成鲜明对比。落幅时，镜头停留在桥的另一端，与天边将要散去的落日晚霞交相辉映，增强画面的层次感。

图 2-4-26　摇镜头拍摄画面

（1）摇镜头的画面特征

①模拟人物身体保持不动，视线由一点移向另一点的视觉效果。

②摇镜头是最符合人类观察事物时眼睛运动方式的运动镜头。

③从起幅到落幅的运动过程会使观众不自觉地在一个镜头中改变自己的注意力。

（2）摇镜头的作用

①展示空间，扩大环境，可使小景别画面中包含更多的视觉信息。

②交代了同一场景中两个对象的内在联系。

③利用非水平的倾斜摇、旋转摇可表现特定的情绪和气氛。

④在表现多个对象时，摇镜头使视频减速或停顿可重点突出某个对象。

⑤便于表现运动对象的动态、动势、运动方向和运动轨迹。

6.甩镜头

甩镜头指镜头突然从拍摄对象上甩开，急速转向另一个方向，将镜头的画面切换为另一个内容，中间过程中所拍摄下来的内容变得模糊不清楚。它所表现的空间是变形的，因此具有更快的节奏。常用在表现人物视线的快速移动或某种特殊视觉效果，使画面有一种突然性和爆发力。

如图 2-4-27 所示为甩镜头画面，镜头快速地在楼宇之间来回甩动，营造出一种紧张的氛围。楼宇间的光影忽明忽暗，仿佛是在强调着故事中的起伏与波澜。这种甩镜头的运用不仅能让观众情感随之跌宕起伏，还能够增强场景的氛围感，让观众更加身临其境，仿佛置身于故事的核心之中。

图 2-4-27　甩镜头拍摄画面

（1）甩镜头的画面特征

①镜头快速移动或摇晃，给观众造成冲击，会带来惊讶、突然和意外的效果。

②一般被用作两个镜头中的过渡。

③由于速度比较快，观众基本只能看到镜头的起幅和落幅，常被用作强调两者（起幅和落幅）之间的关系。

（2）甩镜头的作用

①增强紧张感和戏剧性。甩镜头的快速移动和剪辑技巧可以营造出悬念感和紧张氛围，使观众更加投入故事情节，增强戏剧性和紧张感。

②强调情感和情绪。甩镜头可以通过镜头的快速移动和特效的运用来突出角色的情感变化或情绪高潮，加深观众对角色内心世界的理解和共鸣。

③吸引观众注意力。甩镜头的快速移动和视觉特效常常能够吸引观众的注意力，使他们更加专注于画面上正在发生的事情，提升了视觉体验。

④创造视觉冲击。甩镜头常常伴随着特殊的视觉效果和音效，可以给观众带来视觉和听觉上的冲击，增强了视频的视听效果，使其更加生动和引人入胜。

7. 升降镜头

升降镜头分为上升镜头和下降镜头。升镜头是指相机的机位慢慢升起，从而表现出被拍摄对象的高大。而降镜头的方向则与之相反。升降镜头的特点在于能够改变镜头和画面的空间，因此大多用于拍摄环境和展现气氛，有助于增强戏剧效果。

如图 2-4-28 所示为升镜头画面，拍摄对象是天坛公园的祈年殿，通过升镜头的方式，从局部到整体，不仅增强了视觉的层次感和深度，而且也展现了祈年殿的宏伟和壮观，丰富了视频的构图效果。

图 2-4-28　升镜头拍摄画面

如图 2-4-29 所示为降镜头画面，呈现出军队骑马自远方疾驰而来的壮观景象。镜头在较高处时展现了西域壮丽的自然风光，随着镜头的下降，逐渐显现出敌军队伍的轮廓。降镜头的运用，不仅展示了敌军来势汹汹的气势，还增强了观众对于即将到来的战斗的紧张感。

图 2-4-29　降镜头拍摄画面

（1）升降镜头的画面特征

①视角改变。升降镜头可以改变观众的视角，从而呈现出不同的景深和透视效果。向上升起的镜头可能会使场景看起来更加开阔，而向下的镜头则可能会突出某个特定的对象或者营造一种压迫感。

②景深变化。镜头的升降会改变景深，可能导致背景在画面中的位置和清晰度发生变化。这可以用来突出或模糊某些元素，从而引导观众的注意力。

③主题突出。向上或向下移动镜头，可以使某个主题或对象在画面中更加突出或引人注目。例如，向上升起的镜头可能会使建筑物在画面中显得更加壮观，而向下的镜头可能会突出人物或者某个物体的细节。

④推进故事情节发展。在短视频制作中，升降镜头的运用也可以用来推进故事情节发展。镜头向上移动可能会暗示着主角的成长或者突破，而向下移动则可能会暗示着主角遇到的挑战或者困境。

（2）升降镜头的作用

①有利于表现高大物体的各个局部。

②可以表现纵深空间的点面关系。

③升降镜头常用以展示事件或场面的规模、气势和氛围。

④利用镜头的升降，可以实现一个镜头内的内容转换与调度。

⑤升降镜头的升降运动可以表现出画面内容中感情状态的变化。

8. 环绕镜头

环绕镜头就是对被拍摄对象进行环绕拍摄，它能够给观众带来一种全方位、立体感的视觉体验。这种运镜可以突出主题，让画面更有张力和立体感，通常用于创造动态、引人注目的画面效果。

如图 2-4-30 所示为环绕镜头拍摄画面，画面中镜头环绕着一尊雕塑，随着镜头的环绕，雕塑周围的景物也在镜头的引导下随之转动，让人不由得沉浸其中，感受着岁月的洗礼和文化的传承。

图 2-4-30　环绕镜头拍摄画面

（1）环绕镜头的画面特征

①流畅的运动。环绕镜头通常呈现出流畅的运动轨迹，镜头在拍摄对象周围或者通过场景中的元素环绕移动，给人一种连贯、流畅的视觉体验。

②全景展示。环绕镜头常常用于展示广阔的场景或大范围的拍摄对象，因此画面往往呈现出辽阔、宏伟的感觉。

③视角转换。镜头在环绕运动中会不断变换角度和视角，因此画面可以呈现出多样化的观察角度，使观众可以从不同角度去观察场景或人物。

④动态感。环绕镜头的画面通常具有一定的动感，镜头的运动会带来一种动态的视觉效果，

增加了画面的生动感和活力。

（2）环绕镜头的作用

①引导观众视线。通过环绕镜头的运动，可以引导观众的视线，让他们更加集中地关注视频中的重要元素，增强故事的连贯性和吸引力。

②展示场景全貌。环绕镜头通常用于展示广阔的场景或大范围的拍摄对象，能够全方位地展示场景的美丽和壮观，让观众更加身临其境。

③增强戏剧性。环绕镜头的动态运动能够增加画面的戏剧性，使得视频更加生动有趣，吸引眼球，提升视听体验。

④创造视角多样性。通过不断变换镜头的角度和视角，环绕镜头能够呈现出多样化的观察角度，让观众可以从不同的角度去认识和理解视频中的情节和人物。

9. 低角度镜头

低角度镜头是指摄影或拍摄时，镜头位置相对于被拍摄对象处于较低的位置。观众从低角度观察画面时，会感到视觉上的冲击和震撼，画面的立体感和视觉冲击力也会增强。此外，在表现主题或突出特定细节方面，低角度镜头也是一种有效的手段，能够将观众的注意力集中在被拍摄对象的顶部，从而突出其主题或特定细节。

如图 2-4-31 所示为低角度加上环绕运镜的拍摄画面，拍摄对象是郁金香，在低角度拍摄的画面中，郁金香的花朵高高矗立于天地之间，花朵的轮廓清晰可见，花瓣向上舒展，仿佛是在向着蓝天敞开自己的芳华。这种低角度的拍摄不仅突出了郁金香的高大和威严，更将其与天空相连，似乎在诉说着大自然的神奇和生命的美好。

图 2-4-31　低角度镜头拍摄画面

（1）低角度镜头的画面特征

①突出被拍摄对象。低角度镜头通常将被拍摄对象放置在画面的上方，使其在画面中占据较大的比例，从而突出其重要性和威严感。这种角度可以使建筑物、人物或其他对象显得更加高大、壮观。

②强化视觉效果。低角度镜头能够增强画面的立体感和视觉冲击力，使观众感受到更加宏伟、壮观的景象。通过仰视的角度，画面呈现出的景物会显得更加庄重和壮观。

（2）低角度镜头的作用

①强调力量与重要性。低角度镜头可以产生一种视觉上的错觉，使被拍摄对象显得更加强大和有力，突出被拍摄对象的威严、权威或力量感。

②提供新鲜视角。低角度镜头呈现了与人们平时不同的视角，使观众感受到新鲜感和震撼感，增强画面的吸引力。

10. 综合镜头

综合镜头是指在摄影或电影制作中，使用多种不同的运动镜头和拍摄技术来创造丰富多样的画面效果。这种拍摄手法常常用于展示复杂的场景或情节，以及突出视频的视觉效果和表现力。

如图 2-4-32 所示为综合镜头拍摄的画面，拍摄对象是鄂尔多斯大草原，一片广袤无垠、壮美辽阔的绿色海洋。拍摄过程中分别运用了移镜头、升镜头、环绕镜头等多种运镜方式。一方面，移镜头的运用将观众的视线从一处美景平滑过渡到另一处。另一方面，通过升镜头和环绕镜头的组合运用，观众仿佛置身于高空之上，环顾四周，一望无际的草原尽收眼底，展现出了鄂尔多斯大草原的壮丽和宏伟。

图 2-4-32　综合镜头拍摄画面

（1）综合镜头的画面特征

①多样化的视角。综合镜头的画面往往呈现出多样化的视角，使得画面更加立体和丰富。

②画面效果丰富多彩。通过多种不同的拍摄技术和镜头运动，综合镜头的画面效果丰富多彩，能够呈现出生动、震撼、戏剧性等不同的视觉效果。

③连接流畅。综合镜头常常用于展示复杂的场景或情节，通过流畅的过渡和连接，使不同镜头和场景之间的转换更加自然、连贯。

（2）综合镜头的作用

①综合镜头的运用可以丰富画面效果，增加画面的层次和立体感。

②综合镜头能够更好地传达影片的故事情感。

③综合镜头能够增强画面的视觉冲击力。

第3部分　视频剪辑

　　目前常用的剪辑视频软件有 Vegas、会声会影、Edius 视频编辑软件或更流行的 Adobe Premiere 视频编辑软件。Vegas、会声会影这两款软件操作简单，易上手，但性能不是特别强，可以用来剪辑专业性不强的简单视频。Edius 视频编辑软件和 Adobe Premiere 视频编辑软件可以用来制作比较专业的视频作品（如微电影）。市面上的剪辑软件数不胜数，新人往往会在选择上犯难，但其实剪辑方法大同小异，只是操作方式有所不同。随着移动端的短视频兴起，剪辑工具也越来越多。要想制作出精美吸睛的短视频作品，就需要熟练使用适合自己的剪辑软件。用户通过对手中素材的整理和剪辑，配以音乐和特效等，可以制作出精美的吸引观众的视频作品。本部分主要以剪映 App 为例，介绍短视频的后期剪辑技巧。

第 1 章 剪辑软件

剪映 App 是抖音推出的一款视频剪辑软件，不仅拥有全面的视频剪辑、音频剪辑和文字处理功能，还有丰富的曲库资源和视频素材资源可以使用。本章从零开始介绍短视频剪辑的基本思路与操作方法、基本的剪辑概念以及剪辑思路，便于用户举一反三，灵活运用，由此深入学习更多剪辑方法。

1.1 剪映界面功能

⤷ 1. 剪映软件介绍

打开剪映的官方网站可以看到各种版本的剪映软件，如图 3-1-1 所示。在当前的"移动端"页面可以下载移动版本的剪映，切换到"专业版"页面可以下载 PC 版本的剪映。用户可根据自己需要选择对应的版本进行下载安装。各个版本之间界面和功能大同小异，手机、平板、PC 三端草稿互通，可随时随地进行创作。根据用户使用习惯和范围，本书内容主要以手机移动端的剪映软件为例，介绍剪映软件的使用方法。

图 3-1-1 剪映官网页面

⤷ 2. 移动端剪映软件

打开软件后，自动默认打开的是屏幕左下角为剪刀形状的剪辑界面，如图 3-1-2（1）所示。单击"展开"按钮，在展开的列表中有一系列功能单元，可以进行创作前的准备。

在最下方的"草稿区"中，可存储剪辑过程中的绝大多数短视频项目文件，可对未完成的文件进行多次编辑。在编辑过程中，不可移动或更改手机中该短视频项目所用到的文件。

单击中间的"开始创作"按钮即可进入如图 3-1-2（2）界面，最上面的一行为选择素材的来源，"照片视频"为手机相册中保存的素材，"剪映云"为个人云盘中的素材，切换到"素材库"，便进入官方推荐的素材库界面，可添加一些爆款或者最新的素材到视频中。

一般素材的来源会选择"照片视频"，然后根据需要在下一行中选择导入"视频"或"照片"素材，单击素材的右上角"○"，此时会变为有序号的红色"○"，序号代表此素材被选中的顺序。

此处以导入视频素材为例。点击视频素材后，可以先预览内容。在预览的过程中，可以根据需要对视频长度进行裁剪，完成后单击界面右下角的"高清"按钮，可使得素材的分辨率不会被压缩。

最后单击"添加"按钮，此时会将素材导入剪映软件，即可看到其编辑界面。其编辑界面主要分为预览区、时间线和工具栏三个部分。

（1）默认剪辑界面　　　（2）添加素材界面

图 3-1-2　导入素材

（1）预览区：可以实时查看视频画面。当时间轴处在视频轨道的不同位置时，预览区会对应显示当前时间轴所在的那一帧的图像。

如图 3-1-3 所示，在预览区左下角的"00∶02/00∶23"中"00∶00"表示当前时间轴位于的时间刻度为"00∶00"。点击中间的"播放"图标，即可从当前时间轴所处位置播放视频；点击"撤销"按钮，即可撤回到视频的上一步操作状态；点击"返回"图标，即可回到上一步被撤销前的操作状态；点击"全屏"图标可全屏显示视频。

视频剪辑过程中进行所有操作，都需要在预览区中确定其效果。当对视频的所有帧进行预览、修改后，就完成了一个视频的后期制作。

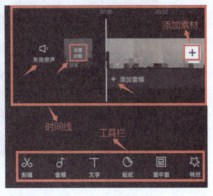

（1）预览页面 （2）时间线与工具栏

图 3-1-3 剪辑界面

（2）时间线：大部分的视频后期操作都是在"时间线"部分完成的，此部分包含有"轨道""时间轴"和"时间刻度"三大元素。若需要裁剪素材长度，或者添加某种效果时，就需要同时运用这三大元素来精确控制裁剪和添加效果的范围。

（3）工具栏：在视频剪辑过程中，所使用到的功能几乎都需要在此部分中寻找到相关选项。若不选中任何轨道，此时显示一级工具栏，点击相应选项，进入下一级工具栏。当选中某一轨道后，工具栏会随之变成与所选轨道相匹配的工具，如图 3-1-4、图 3-1-5 所示。

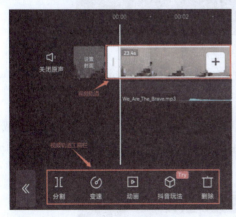

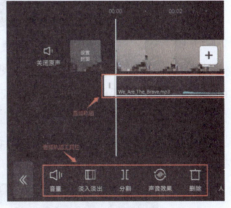

图 3-1-4 视频轨道的工具栏 图 3-1-5 音频轨道的工具栏

👉 3. 专业版剪映软件

与剪映手机版不同的是剪映专业版可在电脑上进行安装操作，但整体操作的底层逻辑与手机版剪映几乎完全相同。由于电脑的屏幕较大，所以在界面上会有一些区别。在了解手机版剪映的各个功能、选项的位置、基本操作的情况下，就可以自然运用剪映专业版进行视频剪辑了。单击电脑桌面的"剪映专业版"图标，打开首页界面，如图 3-1-6 所示。单击其中的"开始创作"，即可进入 PC 端编辑界面。

图 3-1-6　首页界面

打开后的编辑界面如图 3-1-7 所示，单击"导入"，可从电脑文件夹中选择需要的素材。也可以如同手机版的一样，在左边的"云素材""素材库""AI 生成"中选择需要的素材。

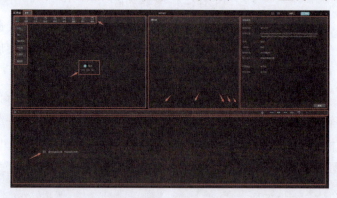

图 3-1-7　剪映专业版编辑界面

当素材导入后，单击播放器中的素材，如图 3-1-8 所示，此时在剪映专业版的编辑界面中，分为以下区域：工具栏、素材区、预览区、细节调整区、常用功能区和时间线区域。在这六大区域中，分布着剪映专业版的所有功能和选项。其中占据空间最大的是时间线区域，同样该区域也是专业版视频剪辑的主要"战场"。剪辑的绝大部分工作都是在对时间线区域中的"轨道"编辑，从而实现预期的画面效果。

图 3-1-8　导入素材后的编辑界面

（1）工具栏：包含媒体、音频、文本、贴纸、特效、转场、滤镜、调节、模板共 9 个选项，其中"媒体"项在手机版剪映中没有出现。打开后界面默认"媒体"项，可以选择从"本地"或者"素材库"等导入素材至素材区。

（2）素材区：无论是从本地导入的素材，还是选择了工具栏中"贴纸""特效""转场"等工具，其可用的素材、效果均会在素材区显示。

（3）预览区：在后期过程中，可随时在预览区查看效果。点击预览区右下角的■图标，可以放大屏幕中的画面；接着单击"比例"，可调整画面的比例；与手机版一样，点击预览区右下角的"全屏"图标，可进行全屏预览。

（4）细节调整区：当选中时间线区域中的某一轨道后，在细节调整区即会出现可针对该轨道进行的细节设置。分别选中"文字轨道""滤镜轨道""贴纸轨道""特效轨道""视频轨道""音频轨道"时，细节调整区分别如图 3-1-9 至图 3-1-14 所示。

图 3-1-9　"文字轨道"细节调整区

图 3-1-10　"滤镜轨道"细节调整区

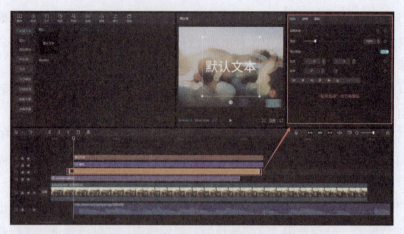

图 3-1-11 "贴纸轨道"细节调整区

图 3-1-12 "特效轨道"细节调整区

图 3-1-13 "视频轨道"细节调整区

图 3-1-14　"音频轨道"细节调整区

（5）常用功能区：可快速对视频轨道进行"分割""向左裁剪""向右裁剪""删除""添加标记""定格""倒放""镜像""旋转""调整大小"10 个操作。另外，如果操作有误，点击该功能区中的⟲图标，即可返回到前一步的操作状态；点击⬚图标，可将鼠标状态切换为"选择"或"分割"。当选择"分割"时，在视频轨道上单击鼠标左键，即可在当前位置"分割"视频，如图 3-1-15 所示。

图 3-1-15　"分割"视频

（6）时间线区域：与手机版的功能和界面分布一样。相对于手机版的剪映，专业版的剪映界面更大，可以同时将不同的轨道显示在时间线区域中，如图 3-1-16 所示，可以提高后期处理效率。

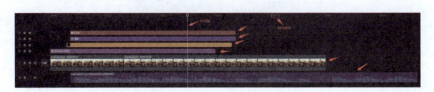

图 3-1-16　时间线区域

1.2　导入视频素材

👉 1. 导入多个视频和照片素材

若想在手机版的剪映中一次添加多个视频素材，根据需要按照次序点击素材界面视频素材右上角的"○"，此时会变为有序号的红色"○"，被选中的视频素材也会带一层透明的红色。如图 3-1-17 所示，在"视频"中选择 6 个视频片段。

　　若还需要选择照片素材，可切换到上方的"照片"选项，进入照片选取界面，添加照片素材的操作方法与选取视频素材的方法相同，且照片素材的序号是接着视频素材的序号，从 7 开始，如图 3-1-18 所示。

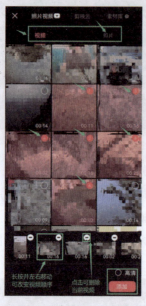 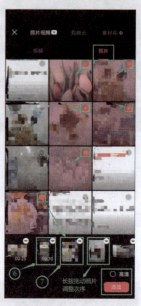

　　　　图 3-1-17　选择 6 个视频素材　　图 3-1-18　添加照片素材

最后点击右下角的"高清""添加"项即可完成多个素材的添加操作。

2. 使用手机文件夹导入素材

　　（1）在储存素材的手机文件中，筛选出需要使用的视频单独放在手机中的一个相册或者文件夹中。如图 3-1-19 所示在手机相册中新建一个"素材相册"并筛选出所需要的素材。

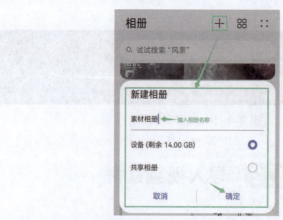

图 3-1-19　新建"素材相册"

　　（2）（以苹果手机演示为例，部分安卓手机无法使用此方法）将筛选出的素材全部选中，并点击左下角的图标，如图 3-1-20 所示。

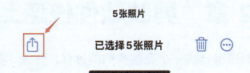

图 3-1-20　筛选并选中素材

（3）在打开的界面中找到剪映 App 图标，如图 3-1-21 所示，然后点击图标即可导入所选素材。

图 3-1-21　导入素材

不管用哪种方式，当选择了多个视频导入剪映时，在导入视频界面中会根据点击的次序显示对应的序号，在编辑界面的排列顺序与导入视频界面中的选择顺序一致。在编辑界面中同样也可以如在导入视频界面中一样，按照同样的操作改变排列顺序，如图 3-1-22 所示。

图 3-1-22　调整素材的顺序

第2章 剪映软件快速上手

将视频片段按照一定顺序组合成一个完整视频的过程，称为"剪辑"。即使整个视频只有一个镜头，也可能需要将多余的部分删除，或者是将其分成不同的片段重新进行排列组合，进而产生完全不同的视觉感受，这同样也是"剪辑"。

2.1 视频素材处理

1. 剪辑视频常用工具

将一段视频导入剪映后，与剪辑相关的工具基本都在"剪辑"中，如图3-2-1所示。

图3-2-1 工具箱中的"剪辑"

点击即可打开"剪辑工具栏"，其中常用的工具是"分割"和"变速"，如图3-2-2所示。

图3-2-2 "分割"工具和"变速"工具

（1）使用"分割"添加转场效果

①在视频剪辑界面，如图3-2-3所示，拖拽时间轴在放有多段视频的视频轨道间滑动至需要分割的位置，点击"剪辑"工具栏中的"分割"工具。

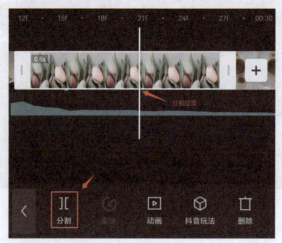

图3-2-3 拖拽时间轴

②此时视频会在被分割成两部分的位置弹出转场窗口，如图 3-2-4 所示。

图 3-2-4　转场窗口　　　　　　　图 3-2-5　添加后的效果

在里面选择一种喜欢的转场效果，然后调整转场的时长，最后点击右下角"✔"，转场特效就添加完成了，如图 3-2-5 所示。若点击"全局应用"，即可将此转场效果应用到整个视频的分割处，使得视频显得更加流畅、自然。

另外，点击完"分割"按钮后，可选择分割出来的不需要的视频片段，点击"删除"按钮，如图 3-2-6 所示，即可删除该视频片段。

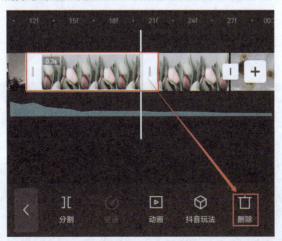

图 3-2-6　删除视频

（2）设置简单的视频变速

通过使用"变速"可以改变视频的播放速度，让画面更有动感，同时还可以模拟出"蒙太奇"的镜头效果。

①导入视频素材后，选中需要设置变速的视频片段，点击"编辑"下的"变速"工具，如图 3-2-7 所示。

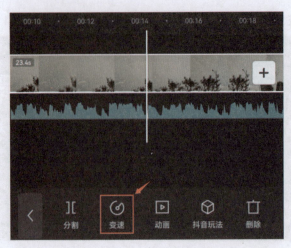

图 3-2-7 "变速"工具

②如图 3-2-8 所示，"变速"工具中有两种变速模式，根据需要选择其中的一种进行设置即可。

图 3-2-8 变速模式

③如图 3-2-9 所示，当选择"常规变速"时，在打开的界面中，拖动红色的圆环滑块，即可调整整段视频播放的速度。

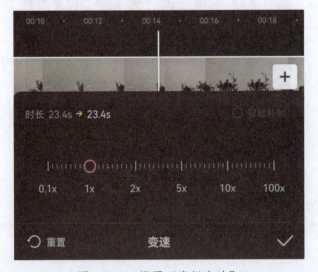

图 3-2-9 设置"常规变速"

④如图 3-2-10 所示，当选择"曲线变速"时，在打开的界面中，有各种预设的变速形式，如选择"英雄时刻"，点击"点击编辑"继续进入下一级。

图 3-2-10　设置"曲线变速"

⑤如图 3-2-11 所示，根据需要进行设置即可。其中当白色直线与黄色曲线上的点重合时，可点击下方的"删除点"直接删除此点；若要增加点，点击播放键，当白色直线从左往右经过无点区域时，再次点击上方播放键暂停视频，此时点击下方的"添加点"按钮，即可在白色直线与黄色曲线的交叉点添加点，如图 3-2-12 所示。

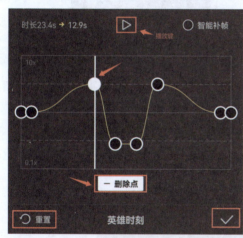

图 3-2-11　"英雄时刻"调整　　　　　　　图 3-2-12　添加点

（3）给视频设置"蒙太奇"效果

根据需要设置完"常规变速"后，点击"重置"按钮复原并返回上一步，在变速工具栏中点击"曲线变速"按钮。在下一级界面中，选择"蒙太奇"选项，如图 3-2-13 所示。点击"编辑"按钮，进入"蒙太奇"编辑界面，进一步调整变速点。

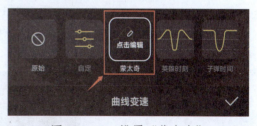

图 3-2-13　设置"蒙太奇"

2. 调整画面背景和尺寸

（1）调整画面背景

根据手机用户的使用习惯，短视频在手机上大多竖屏播放，因此若导入横向拍摄的视频，剪映软件会自动在横版视频的上下方添加背景色块，使其变为竖版视频，如图 3-2-14 所示。

若要更换背景，可以在下方工具栏中左右拖动，选择并点击"背景"。进入"背景"编辑界面，选择"画布样式"，在打开的预设的背景样式中根据需要进行选择即可，替换效果如图3-2-15所示。

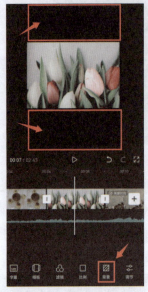

图 3-2-14　自动添加黑色背景色块　　　　图 3-2-15　更换背景

（2）调整画面尺寸

在刷短视频时，大多数人都习惯于竖着拿手机。因此，无论在哪个平台发布短视频，发布时都需将视频的尺寸设置为9∶16的比例，这样更符合实际需求，方便观众观看。

调整尺寸的方法如下：

①导入素材后，在视频编辑界面，左右拖动下方工具栏的图标，点击"比例"，如图3-2-16所示。

图 3-2-16　点击"比例"

②在展开的选项中，选择所需的视频比例，一般为9∶16，如图3-2-17所示，然后单击右下角的✓。

图 3-2-17　选择比例"9∶16"

③若要将横屏拍摄的视频素材的上下区域填充为模糊背景，则在选择9∶16比例后，如图3-2-15所示，选择"画布模糊"。在展开的选项中根据需要进行设置即可，如图3-2-18所示。

图 3-2-18　设置"画布模糊"

另外，如图 3-2-15 所示，如果选择"画布颜色"，在打开的界面中点击下方色卡中需要的颜色，改变横向视频上下方两个色块的颜色。若点击"全局应用"，该背景颜色则被用于整个视频所有片段中。

（3）裁剪视频尺寸

用户可以通过裁剪掉短视频中多余的背景部分，调节画面大小，实现拉近画面、突出主体的效果。其操作步骤如下：

①导入视频素材后，选择视频轨道，或者点击"剪辑"按钮，即可调出剪辑工具栏，如图 3-2-19 所示。

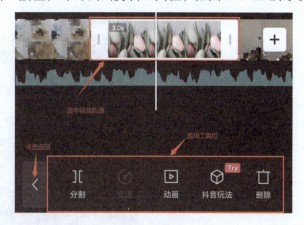

图 3-2-19　剪辑工具栏

②在剪辑工具栏中左右滑动，找到并点击"编辑"按钮，如图 3-2-20 所示。

图 3-2-20　"编辑"按钮

③在编辑工具栏中，点击"调整大小"按钮，如图 3-2-21 所示。

图 3-2-21　选择"调整大小"

④进入"调整大小"界面，裁剪比例，默认为"自由裁剪"模式，如图 3-2-22 所示。其中，在"旋转"中可对素材设置精确的转动角度，增强画面感。

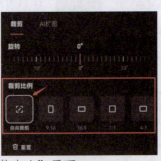

图 3-2-22 "调整大小"界面

⑤拖动裁剪控制框，即可裁剪视频画面，拖动视频可以调整画面的构图，使用双指可以缩放画面，如图 3-2-23 所示。点击✓按钮，即可应用裁剪操作。

图 3-2-23 裁剪后的效果

👉3. 替换视频素材

使用剪映 App 的"替换"功能，可快速替换掉视频轨道中不合适的视频素材。

（1）导入视频素材后，选中要换掉的视频片段，点击"剪辑"，在其工具栏中左右滑动，找到"替换"按钮，如图 3-2-24 所示。

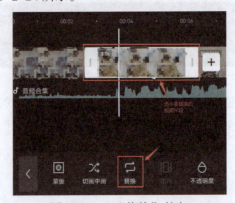

图 3-2-24 "替换"按钮

（2）进入手机相册，选择需要替换进去的视频或者照片，如图 3-2-25 所示；或者切换至"素材库"选项卡，在"热门""片头""片尾"等选项下选择合适的动画素材，如图 3-2-26 所示。

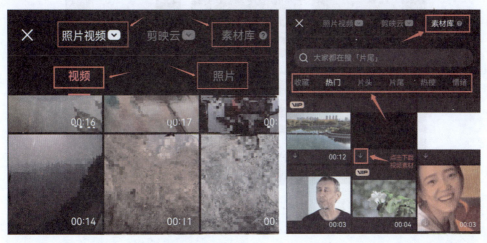

图 3-2-25　选择替换素材　　　　图 3-2-26　添加"素材库"素材

（3）预览下载的视频的效果，如图 3-2-27 所示。点击下方"确认"按钮，即可替换视频素材，如图 3-2-28 所示。

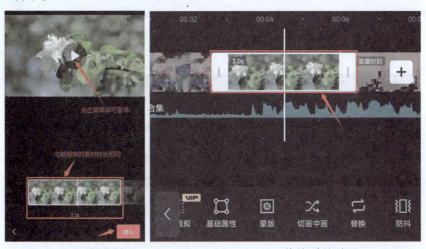

图 3-2-27　预览效果　　　　图 3-2-28　替换后的效果

👉4. 添加片头片尾视频素材

一段完整的视频需要有片头作为开始，片尾作为结束。在编辑完成一段视频后，可以使用自制的片头、片尾素材，也可以使用剪辑软件中预制的片头、片尾素材。

（1）添加素材库中的视频片头素材

将白色时间轴放在视频轨道的开始位置，点击右边的 ⊞ 。打开素材文件夹，选择"素材库"，切换到"片头"项，选择喜欢的片头效果，点击下方的"高清"和"添加"按钮，即可将片头素材添加到视频开始位置，如图 3-2-29 所示。

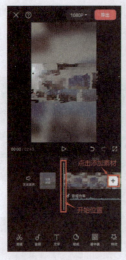  

（1）开始位置　　（2）选择片头素材　（3）添加后的效果

图 3-2-29　添加片头素材

（2）添加视频片头素材

将白色时间轴拖到视频轨道的结束位置，点击右边的 + 按钮。打开素材文件夹，选择"素材库"，切换到"片尾"项，选择喜欢的片尾效果，点击下方的"高清"和"添加"按钮，即可将片尾素材添加到视频结束位置，如图 3-2-30 所示。

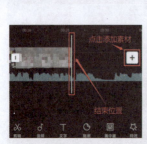 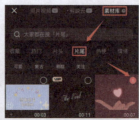 

（1）结束位置　　　（2）选择片尾素材　　（3）添加后的效果

图 3-2-30　添加片尾

2.2　调色

对视频调色时，需要根据不同的画面对有关数据进行细微调节，不必拘泥于固定的参数，而要根据自己的视频画面，将其调整到自己满意的感觉。之后，需要添加对应的音乐和必要的文字，一个完整的视频才算最终完成。

1. 基本调色处理

与图片后期相似，可以通过后期制作来对一段视频的影调和色彩进行调整，具体操作步骤如下。

（1）打开剪映 App 后，在界面下方左右滑动工具栏图标，找到并点击"调节"按钮，如图 3-2-31 所示。在打开的下一级界面中，选择"增加调节"按钮。

（2）在打开的新的界面中，分别选择亮度、对比度、饱和度、色温、阴影等工具，拖动下方滑动条，即可实现对画面明暗、色调的调整。万能调色参数适合对调色参数细节不了解的初学者使用，该参数可应用于各种场景，帮助对视频进行调色。其调色参数如图 3-2-32 所示。

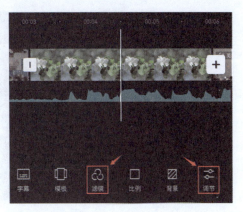

图 3-2-31　"调节"按钮

各个参数设置完成后，点击☑即可。万能调色参数：亮度 -3（画面过亮时使用）或亮度 3（画面过暗时使用），对比度 10，饱和度 30，色温 -20。可根据画面的具体情况，上下浮动数值，使画面看起来令人舒适。

2. 添加滤镜效果

滤镜，可使图像、视频实现一些特殊效果，可以将其理解为已经预先设置过的一些效果的固定参数，直接在视频文件中添加使用即可。一般的滤镜效果都可以在滤镜界面中进行调整。

（1）打开剪映 App，在素材库或者手机相册中，选择需要加滤镜的视频，点击右下角"高清"和"添加"按钮导入素材；或者选中已导入的素材中需要添加滤镜的视频片段，点击图 3-2-31 中下方工具栏中的"滤镜"按钮。在如图 3-2-33 所示的界面中选择"新增滤镜"。如图 3-2-34 所示，在打开的滤镜界面中，选择适合视频的滤镜效果，来调整画面的影调和色彩。拖动下方的白色圆点进行调整，可以控制滤镜的强度，从而得到理想的画面色调。

（1）亮度　　　　（2）对比度

（3）饱和度　　　　（4）色温

图 3-2-32　调整画面

图 3-2-33　选择"新增滤镜"

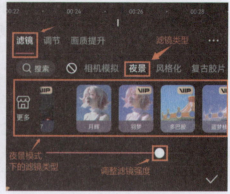

图 3-2-34　滤镜界面

（2）①如在进入"滤镜"界面后，在下一栏的滤镜类型中切换至"风景"选项卡，在其下一栏的类型中继续左右滚动，选择"绿野仙踪"滤镜，如图 3-2-35 所示。拖动滑块，设置滤镜的应用强度为 60。确认后返回至如图 3-2-36 所示的界面，此时视频已添加滤镜效果。

图 3-2-35　"绿野仙踪"滤镜

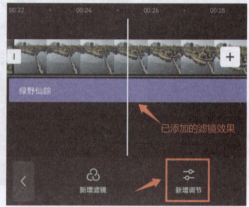

图 3-2-36　选择"新增调节"

②点击"新增调节"按钮进入其界面，如图 3-2-37 所示。在其界面中，分别设置"亮度"为 10、"对比度"为 10、"饱和度"为 8、"锐化"为 10。设置完成后，点击右下角的 ✓ 按钮。添加滤镜完成后，可点击界面右上角"导出"按钮，即完成添加滤镜操作。

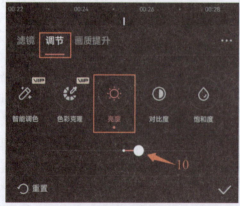

（1）亮度

（2）对比度

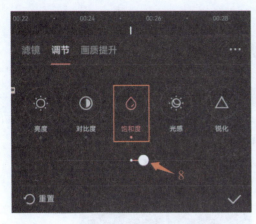
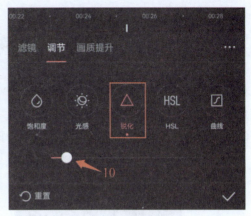

（3）饱和度　　　　　　　　　　　　　　（4）锐化

图 3-2-37　调节界面

（3）其他的剪辑软件中没有类似剪映的"调节"功能，只能通过滤镜来调整影调和色彩。部分剪辑软件中所包含的滤镜在数量和质量方面都要高于剪映，剪映中部分功能需要开通会员权限才能使用。

3. 滤镜的选择与搭配

使用剪映中的滤镜功能调整画面色调非常方便。滤镜功能中有很多色调效果，可以直接点击使用。也可以在打开的滤镜界面中点击左边的"更多滤镜"按钮，如图 3-2-38 所示。在打开的"滤镜商店"中选择其他滤镜，如图 3-2-39 所示。

用户通过学习并掌握调节滤镜参数的调色教程，以及从简单的预设参数滤镜调色到高阶调色方法，可以循序渐进掌握手机短视频的调色方法。

图 3-2-38　"更多滤镜"　　　　　　图 3-2-39　"滤镜商店"

 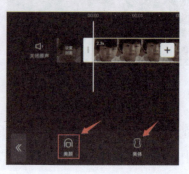

2.3 人物磨皮瘦脸

对视频中的人物进行美颜是短视频剪辑中常用的一种操作。导入人像视频后，选中该视频或点击"剪辑"，左右拖动下方的工具栏，找到"美颜美体"按钮，如图 3-2-40 所示。点击该按钮。在打开的新界面下方选项中，选择最左侧的"美颜"，如图 3-2-41 所示。

图 3-2-40 "美颜美体"   图 3-2-41 "美颜"

1. "美颜"界面

在打开的"美颜"界面中，预设了多种效果可以选择。选择所需要的效果，横向拖动下方的白色圆点调节对应的美颜程度即可。

（1）"磨皮"效果可以减少面部的皱纹、雀斑等，但会失去一些面部细节，如图 3-2-42 所示。

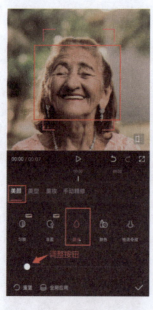 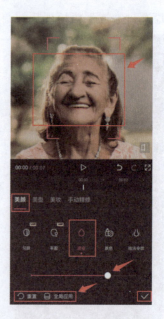

（1）原图   （2）效果图

图 3-2-42 "磨皮"效果

（2）"美白"效果会使人物面部变白，如图 3-2-43 所示，但过度使用会使面部暗处与亮处的对比减弱，降低人物面部的立体感。其他的还有肤色、祛法令纹、祛黑眼圈、美白、白牙等功能，可根据需要切换对应的选项，对人物面部进行调整。

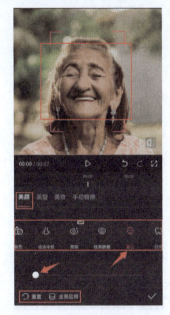

（1）原图　　　　　　　　　　（2）效果图

图 3-2-43　"美白"效果

2. "美型"界面

（1）向右滑动切换到"美型"界面，可以使用"面部"中的"瘦脸"效果，使人物下颚变窄、脸型变尖，如图 3-2-44 所示，但过度使用会使面部线条变得不自然。

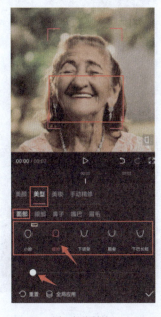

（1）原图　　　　　　　　　　（2）效果图

图 3-2-44　"瘦脸"效果

（2）使用"眼部"中的"大眼"效果会使人物眼睛变大，显得有神；使用"眼距"效果可以改变人物的眼距，如图3-2-45所示。

（1）原图　　　　　　　（2）效果图

图3-2-45　"眼距"效果

（3）使用"鼻子"中的"瘦鼻"效果可减小人物鼻梁、鼻翼的宽度，如图3-2-46所示，但过度使用会使人物鼻孔变小，出现明显的不和谐感。

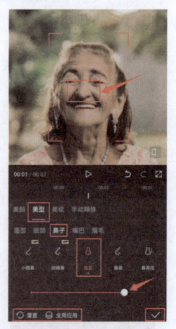

（1）原图　　　　　　　（2）效果图

图3-2-46　"瘦鼻"效果

第 3 章　添加特效与使用关键帧

3.1　添加视频特效

视频素材导入后，在图 3-3-1 中，选择"特效"，进入下一级，如图 3-3-2 所示，共有 4 项可以选择。

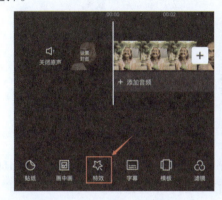

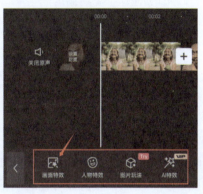

图 3-3-1　选择"特效"　　　　　图 3-3-2　"特效"界面

1. 设置"画面特效"

在"画面特效"界面中选择一种风格，再调整参数即可。如图 3-3-3 所示的"画面特效"界面中，选择"复古"下的"胶片暖棕"，然后在展开的新界面中调整参数并保存即可。

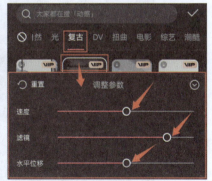

（1）选择"胶片暖棕"　　　　　（2）调整参数

图 3-3-3　设置"画面特效"

2. 设置"人物特效"

如图 3-3-4 所示的"人物特效"界面中已预设了各种效果，选择"手部"下的"星星拖尾"，即可应用到视频画面中。有部分效果被选择后还需要进一步进行参数调整才可以使用。设置完成后点击右上角的 ✓ 进行保存即可。

（1）选择"星星拖尾"　　　　（2）添加后的效果

图 3-3-4　"人物特效"

3.2　使用关键帧

1. 添加关键帧

打开剪映进入视频编辑界面，点击视频轨道，此时界面中带有"+"的菱形图标就是添加关键帧，如图 3-3-5 所示，点击即可在时间轴处添加一个关键帧。

此时在视频轨道可以看到时间轴处出现一个关键帧符号，且菱形左上角的"+"变为"-"，此为删除关键帧符号。如图 3-3-6 所示。点击它可删掉时间轴中的关键帧。

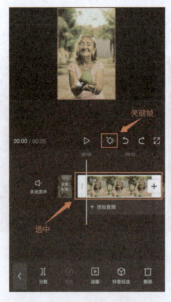

图 3-3-5　关键帧符号　　　　图 3-3-6　删除关键帧

关键帧是指素材在运动变化中关键动作所处的那一帧，关键帧与关键帧之间的动画效果可以由软件创建添加。剪映中的关键帧的主要功能是控制素材的大小变化、移动，以及旋转素材（可针对开头或结尾的关键帧进行操作）。

2. 运用关键帧制作运镜效果

导入视频素材，选中视频轨道中的视频，此时出现关键帧项。在视频开头点击关键帧项，添加一个关键帧，拖动视频轨道向右移动几秒后，双指贴合屏幕然后放大双指距离来放大视频尺寸，此时会自动生成一个新的关键帧，两个关键帧之间产生推镜头的效果，如图3-3-7、图3-3-8所示。

图 3-3-7　原视频尺寸　　　　图 3-3-8　放大后的效果

同理，在片尾也添加一个关键帧，回到开头将视频放大一些，这样就产生拉镜头的效果。回到开头处点击播放，可以看到视频素材是匀速地由开始位置移动到结束。

3. 运用关键帧制作"定格"照片转场

（1）在剪映中导入两段视频素材，把时间轴放到需要定格照片的位置，选中视频轨道并点击添加菜单栏最右侧的"定格"项，如图3-3-9所示，此时这一帧的视频就变为照片了，如图3-3-10所示。

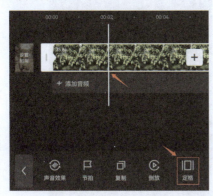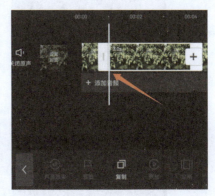

图 3-3-9　添加"定格"项　　　　图 3-3-10　添加后的效果

（2）把定格好的照片切换到画中画图层，如图 3-3-11 所示，返回到编辑栏，点击"画中画"，进入下一级，继续点击"新增画中画"。在打开的素材文件中选择目标图片，用画中画图层中的图片挡住上面的视频，做好初始结构，如图 3-3-12 所示。

图 3-3-11　选择"画中画"　　　图 3-3-12　添加图片

（3）把时间线轴移至画中画图层开头的位置，添加一个关键帧，如图 3-3-13 所示。把时间轴往后移动，再用双指捏合把照片缩小，这样随着图片大小变化会自动生成新的关键帧，如图 3-3-14 所示。再往后移动时间轴并主动添加一个关键帧，这一帧的参数会与上一帧的保持一致，它会先缩小并停顿。

图 3-3-13　添加关键帧　　　图 3-3-14　缩小照片

（4）往后移动时间轴，双指捏合长按照片旋转一些角度，再把它放至屏幕外，"缩小—停顿—下落"的动画效果就制作完成了，如图3-3-15、图3-3-16所示。

图3-3-15 旋转图片　　　　图3-3-16 将照片移出屏幕

（5）如图3-3-17所示，可添加合适的滤镜效果，使前后颜色有所变化，在"音乐"下的"音效"中添加"快门声"，在"特效"中的"画面特效"下的"边框"中添加一款适合的边框特效，如"ins界面"，转场就制作完成了。点击播放可预览效果。

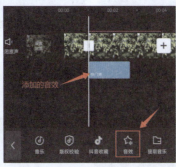

（1）添加滤镜　　　　（2）添加"音效"　　　　（3）添加"特效"

图3-3-17 细节调整

第4章 画中画

如果需要在导入的一段视频素材中再展现另外的一个或多个视频画面时，就可以使用剪映的画中画功能。

4.1 使用画中画制作局部马赛克

（1）导入视频素材后，在下方工具栏中会出现"画中画"图标，如图3-4-1所示。点击"画中画"，界面会出现"新增画中画"选项，点击该选项并上传另一个拍摄好的视频素材或者图片，这样在原视频的基础上，在画中画轨道又添加了一个视频轨道，如图3-4-2所示。画中画最常用的功能是让两个视频叠加，可以把画中画视频移动到主视频靠后的位置，常用于视频与讲解画面的搭配。

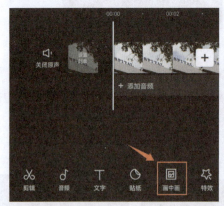
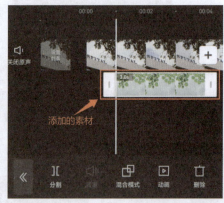

图3-4-1 画中画　　　　　　　　　图3-4-2 添加素材

（2）点击后来添加的画中画视频轨道，在画面预览界面，调整画中画视频大小，双指放大扩满画面，如图3-4-3所示。

（1）原图　　　　　　　　　（2）放大效果

图3-4-3 调整画中画视频

（3）点击"特效"下的"画面特效"，选择"基础"特效中的"马赛克"，如图3-4-4

所示，调整参数，完成后点击☑。接着点击下方工具栏的"作用对象"，选择最右侧的"画中画"，完成后点击选中特效轨道，把特效持续长度调整至和视频时间一致，如图 3-4-5 所示。

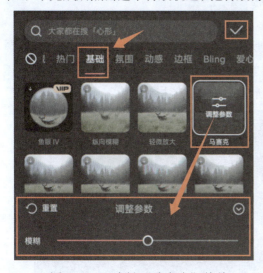 

图 3-4-4　选择"马赛克"特效　　　　　图 3-4-5　调整特效持续时间

（4）返回到初始视频编辑界面，选中画中画视频轨道，点击工具栏中的"蒙版"下的"矩形"，如图 3-4-6 所示。蒙版的形状应选择与马赛克形状相近的图形，这是静态局部马赛克的制作方法。在画面预览界面，调节矩形蒙版的范围到需要局部添加马赛克的地方，也可以点击白色箭头给马赛克效果做一些羽化，如图 3-4-7 所示。

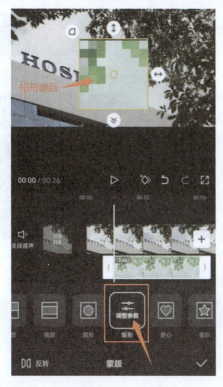 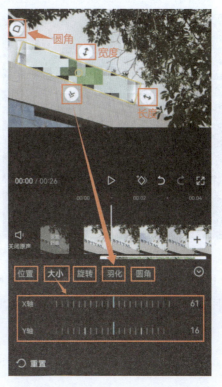

图 3-4-6　矩形蒙版　　　　　　　图 3-4-7　调节马赛克的位置

4.2　制作漫画效果

（1）打开剪映，导入图片素材，如图 3-4-8 所示，在下方工具栏中点击"比例"，选择"9：16"项，然后点击左边返回按钮。回到主菜单，点击"背景"下的"画布模糊"，选择一个适合自己视频效果的模糊强度，如图 3-4-9 所示，完成后点击☑。

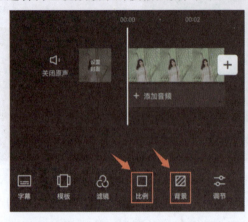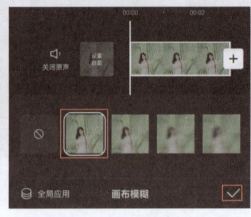

图 3-4-8　调整比例　　　　　　　　　图 3-4-9　选择模糊强度

（2）点击主视频轨道，将持续时间修改为 1.7 秒，再左右滑动工具栏，点击"复制"，如图 3-4-10 所示。选中主视频素材轨道，左滑工具栏，选择"切画中画"，如图 3-4-11 所示。

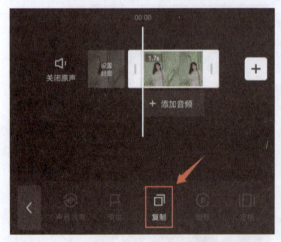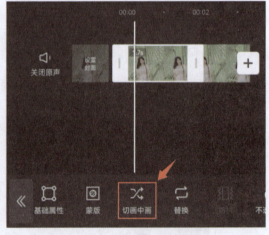

图 3-4-10　复制视频　　　　　　　　　图 3-4-11　点击"切画中画"

（3）选中主视频素材轨道，在下方工具栏中点击"抖音玩法"，选择"人像风格"中的"港漫"，如图 3-4-12 所示。点击"动画"下的"入场动画"，选择"向右滑动"，如图 3-4-13 所示。

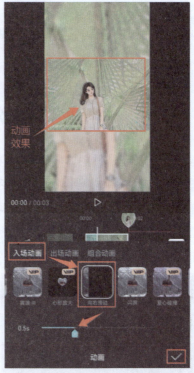

图 3-4-12　设置素材风格　　　　图 3-4-13　设置动画效果

（4）点击画中画轨道，选择"混合模式"下的"滤色"，如图 3-4-14 所示，完成后确定即可。

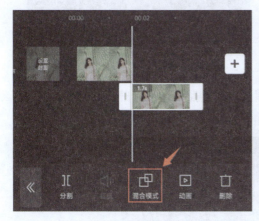

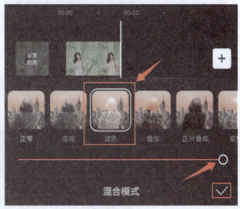

（1）选择"混合模式"　　　　　　（2）选择"滤色"

图 3-4-14　调整模式

第5章　抠图

5.1　制作分身合体效果

分身合体的视频原理是，主体向照片方向移动，移动到照片中的主体的对应位置后，视频开始正常播放，也就是和这个照片重合并变成下一段视频。

（1）先在剪映中导入一段视频素材，把时间轴白线移动到需要出现分身的位置，选中主视频素材轨道，点击菜单栏中最右侧的"定格"，如图3-5-1所示。这样照片效果就会添加进视频轨道并呈选中状态，如图3-5-2所示。

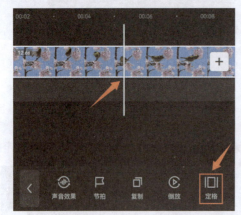

图3-5-1　添加"定格"　　　　　图3-5-2　添加效果

（2）点击照片轨道，切换到"画中画"图层，移动照片图层到开头处与0秒对齐，结尾处与主视频的分割线处对齐，这样画中画图层的照片就可以盖住视频，如图3-5-3所示。

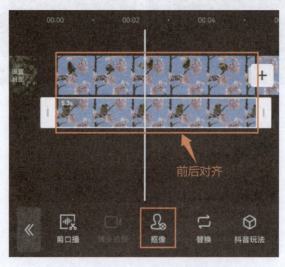

图3-5-3　对齐图层

（3）选中照片图层，在"抠像"中选择"智能抠像"效果抠出小鸟，如图 3-5-4 所示，分身合体后的视频效果如图 3-5-5 所示。

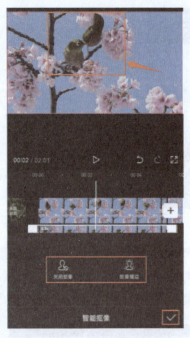

図 3-5-4　智能抠像　　　　　　図 3-5-5　合成效果

如果智能抠像抠出的图像不完整，也可以选择手动抠像。制作其他类型的分身也是一样的操作，先定格再切画中画，调整图片时长，再添加智能抠像效果，这样重复操作即可。

5.2　色度抠图

剪映 App 中的"色度抠图"功能可以用来将不需要的色彩抠掉，留下想要的视频画面。

（1）导入视频素材后，点击"画中画"按钮，如图 3-5-6 所示，接着点击"新增画中画"按钮，如图 3-5-7 所示。

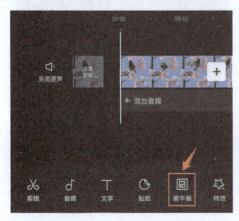

图 3-5-6　点击"画中画"　　　　图 3-5-7　点击"新增画中画"

（2）此时在画中画轨道中添加一个绿幕素材，再将素材放大至全屏，如图 3-5-8 所示。点击"抠像"，如图 3-5-9 所示。

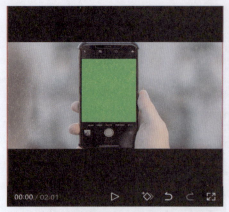 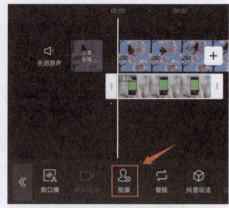

图 3-5-8　放大绿幕素材　　　　　　　图 3-5-9　点击"抠像"

（3）在打开的界面中，点击"色度抠图"，如图 3-5-10 所示。点击"取色器"按钮并拖动取色器，对画面中的绿色取样。在"色度抠图"界面中分别将"强度"和"阴影"两项的参数调整为最大值，如图 3-5-11 所示。

 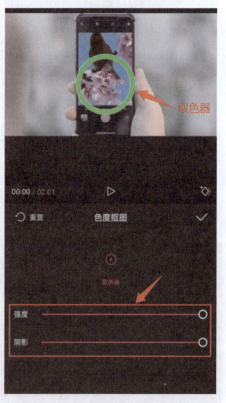

图 3-5-10　点击"色度抠图"　　　　　　图 3-5-11　调整参数

第 6 章　插入音频

6.1　添加背景音乐

背景音乐对整个短视频起着画龙点睛的作用,其选用的最高境界就是感觉不到它的存在,所以一定不能让背景音乐喧宾夺主,要从感情基调的角度出发,进而确定自己用什么配乐。将多个视频剪辑串联在一起后,对画面进行润色,此时在视觉上的效果就基本确定了。接下来可对视频进行配乐,烘托短片所要传达的情绪与氛围。

（1）在添加背景音乐时,点击视频轨道下方的"音频"字样,进入音频编辑界面。该界面中各个选项的功能如图 3-6-1 所示。

图 3-6-1　音频编辑界面

"音乐":在"音乐"中,可以选择纯音乐、卡点 vlog 等适用于不同类别视频的音乐,也可以选择抖音官方推荐的热门音频。

"版权校验":帮助使用者避免使用未经他人授权的音乐作品的一个自检功能。

"抖音收藏":用于在剪映中登录自己的抖音账号,使用自己在抖音中收藏的音频内容。

"音效":用于在视频中插入一些特殊的声音效果,包括综艺的效果音、打斗音效、乐器音效等。

"提取音乐":用于对视频素材中的音频进行提取。若想要某一视频中（如演唱会）的声音,不需要其画面,则可以使用此功能将视频中的音频提取出来。

"录音":用于在视频中插入录制的声音。一般用于补充台词或画外音等。

（2）在音频编辑界面,可点击"音效"按钮,打开音效编辑界面。如点击"交通"项;选择下载"自行车铃声"项,即可进行试听,如图 3-6-2 所示。点击"使用"按钮,即可将其添加到音效轨道中,如图 3-6-3 所示。如果音效时间过长,则可裁剪掉多余的部分,使音效轨道与视频轨道的时间长度一致。

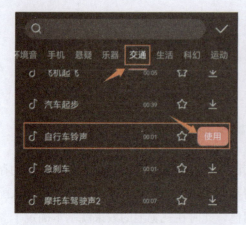

图 3-6-2 音效编辑界面

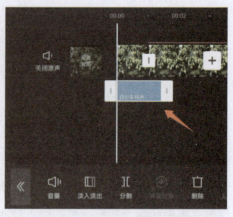

图 3-6-3 添加效果

（3）在音频编辑界面，点击"音乐"按钮，即可在打开的界面中选择背景音乐，如图 3-6-4 所示。点击音乐右侧的下载图标，即可下载该音频，添加到视频中，如图 3-6-5 所示。

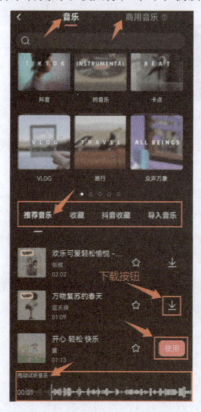

图 3-6-4 选择背景音乐

图 3-6-5 添加后的效果

6.2 设置"淡入淡出"效果

剪映 App 的"淡入淡出"功能分为"淡入"和"淡出"两项。"淡入"是指背景音乐开始响起时，声音会缓缓变大；"淡出"则是指背景音乐即将结束时，声音会渐渐消失。对音频设置淡化效果后，可以让短视频的背景音乐显得不那么突兀，给观众带来更加舒适的视听感受。

（1）导入一个视频素材后，点击视频轨道，再点击"音频分离"按钮，如图3-6-6所示。此时即可将原音频从视频中分离出来，并生成对应的音频轨道。点击音频轨道，再点击"淡入淡出"按钮，如图3-6-7所示。

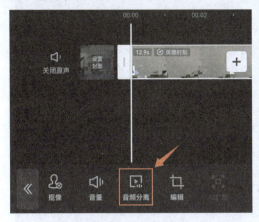

图 3-6-6　音频分离

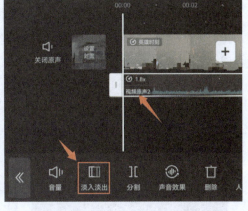

图 3-6-7　点击"淡入淡出"按钮

（2）在"淡入淡出"界面，设置"淡入时长"为5s、"淡出时长"为5.8s，如图3-6-8所示。点击✓按钮。音频轨道上显示音频的前后音量都有所下降，如图3-6-9所示。

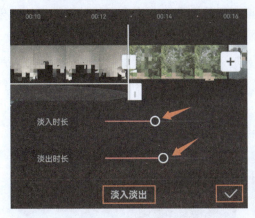

图 3-6-8　"淡入淡出"界面

图 3-6-9　调整后的效果

6.3　制作卡点视频

卡点视频是指利用节奏感较强的音乐，将音乐节奏与视频画面的节奏相匹配，实现视频片段转场的一种视频形式，可以使画面节奏与音乐节奏、视觉与听觉保持统一。制作卡点视频主要步骤为：先导入视频素材，再导入一段音乐，标定节奏点，然后根据节奏点位置调整素材。

（1）导入视频素材，点击剪辑界面下方工具栏中的"音频"或者直接选中视频轨道，再点击"音乐"，进入"添加音乐"界面，如图3-6-10所示，在该界面中点击"卡点"选项。在"卡点"界面，选择下载一首符合视频风格的卡点歌曲并点击音乐右侧的红色"使用"按钮。此时，该歌曲会被添加进剪辑界面，并以蓝色波形音频轨道显示，如图3-6-11所示。

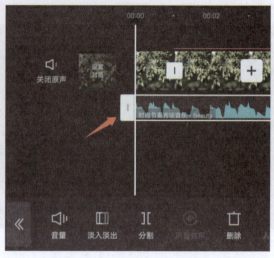

图 3-6-10　选择卡点音乐　　　　　　　图 3-6-11　添加后的效果

（2）点击并拖动界面下方的音频轨道即可对其进行任意移动，被选中的音频轨道的标志为该轨道的上下出现白色边框且可进行拖动。按下播放键即可从白色竖线处开始播放音乐。此时进行的操作仅对该轨道有效。

（3）点击音频轨道，点击右下角的"节拍"项，如图3-6-12所示。进入"添加点"界面，点击中间的"添加点"即可在轨道上添加一个黄色标记点，如图3-6-13所示。点击播放音乐，在歌曲节奏重音或强拍的位置添加多个标记点。或者直接点击"自动踩点"按钮，自动识别音频的节奏，自动添加踩点并调整强度，在一定程度上可以简化剪辑流程。

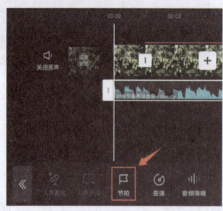
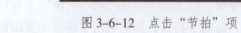
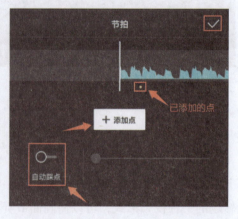

图 3-6-12　点击"节拍"项　　　　　　　图 3-6-13　"添加点"界面

（4）返回剪辑界面，此时可以看到黄色标记点出现在音频轨道上，如图3-6-14所示。再点击视频轨道，拖动各个视频片段，使每个视频片段的首尾与下方音频轨道中的黄色标记点对齐，如图3-6-15所示。拖动视频时，剪映会使视频自动吸附在标志点位置，从而达到视频与标记点完全吻合的状态。至此，简单的卡点视频就已制作完成。

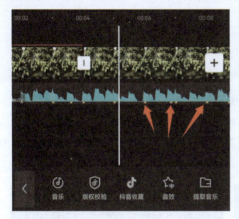

图 3-6-14　音频轨道上的黄色标记点

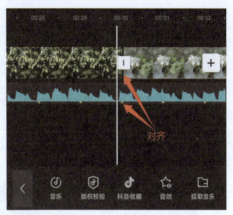

图 3-6-15　对齐效果

第 7 章　添加文字

7.1　给视频添加开场文字

（1）打开剪映，点击"开始创作"，选择"素材库"按钮，选择黑色素材添加到视频编辑界面。如图 3-7-1、图 3-7-2 所示。

图 3-7-1　打开剪映软件　　　　　图 3-7-2　选择黑色素材

（2）在视频编辑界面，点击"文字"下的"新建文本"，如图 3-7-3 所示。输入文字"春日游"，选择喜欢的"字体"样式，也可以保持系统默认，如图 3-7-4 所示，此处选择"毛笔行楷"。"样式"选择"粗斜体"，点击"粗体"和"斜体"的图标将文字设置为"粗斜体"，如图 3-7-5 所示。调整字体的持续时间为 15 秒，如图 3-7-6 所示。

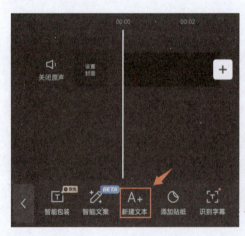

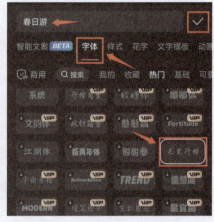

图 3-7-3　"新建文本"　　　　　图 3-7-4　输入并设置字体格式

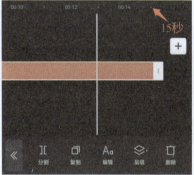

图 3-7-5　设置字体样式　　　　　　图 3-7-6　设置持续时间

（3）选中视频轨道，将黑底白色文字视频的时长调整为 4 秒，如图 3-7-7 所示。在画面预览界面，双指捏合调整文字大小。点击右上角的"导出"按钮，如图 3-7-8 所示。等待加载，点击完成。

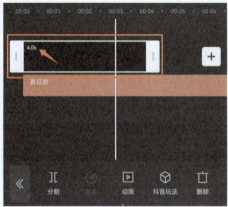

图 3-7-7　调整视频长度　　　　　　图 3-7-8　导出视频

（4）再次回到编辑界面，点击"开始创作"，导入视频素材，如图 3-7-9 所示。再点击"画中画"中的"新增画中画"按钮。然后导入刚刚完成的文字视频，如图 3-7-10 所示。选中画中画视频轨道，放大文字视频，使其充满整个画面。

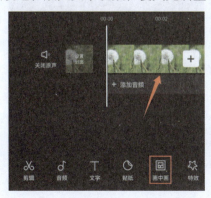

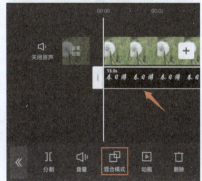

图 3-7-9　导入视频素材　　　　　　图 3-7-10　导入文字视频

（5）选中画中画轨道，点击"混合模式"中的"正片叠底"，完成后点击右下角的 ✓，如图 3-7-11 所示。文字视频开始部分和时间轴白线对齐，点击"关键帧"，在视频开头处添加一个关键帧，如图 3-7-12 所示。

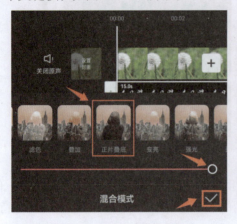
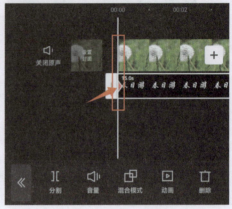

图 3-7-11　选择"正片叠底"　　　　　　图 3-7-12　添加关键帧

（6）移动视频在 2 秒处和时间轴白线对齐。在画面预览界面，用双指放大画中画轨道中的文字视频，如图 3-7-13 所示，在这个位置会自动添加一个关键帧。移动视频在 4 秒处和时间轴白线对齐。在画面预览界面，继续用双指放大画中画中的文字视频，放大至下层的视频画面完全露出，看不见黑色背景为止，如图 3-7-14 所示。除了放大文字视频，也可以适当移动画面，让黑色背景弱化或消失。完成上述步骤后，时间轴白线处会自动添加一个关键帧。

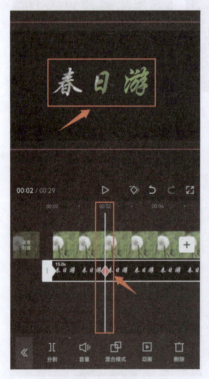
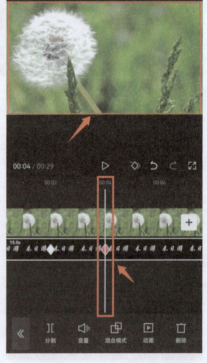

图 3-7-13　放大字体　　　　　　　　　图 3-7-14　放大后的效果

（7）最后点击播放按钮，预览效果。再添加上喜欢的音乐，让视频效果更丰富。

7.2　识别字幕

对于讲解类视频，可以手动添加字幕，也可以根据音频自动生成字幕。使用剪映中自动生成字幕的功能可以提高视频制作的效率和质量。

（1）打开剪映，点击"开始创作"下的"素材库"，选择并添加白色视频素材，如图 3-7-15 所示。在视频编辑界面，点击下方工具栏中"音频"，选择"录音"按钮，如图 3-7-16 所示。

图 3-7-15　添加白色视频素材　　　　图 3-7-16　点击"录音"

（2）长按麦克风录制一段要转换为字幕的音频，如图 3-7-17 所示。为了保证声音质量，尽量选择安静的环境，完成录音后，点击✓按钮。返回视频编辑界面，点击工具栏中的"文字"，如图 3-7-18 所示。

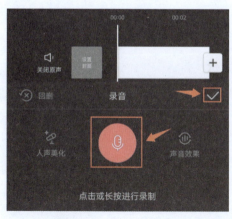

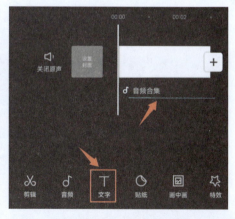

图 3-7-17　录制音频　　　　图 3-7-18　点击"文字"

（3）左右拖动工具栏，在"字幕"中选择"识别字幕"，然后选择"仅录音"进行匹配，如图 3-7-19 所示。匹配完成后，视频下方会生成字幕轨道。由于音频识别存在一定误差。生成的字幕可能会出现文字错误，此时可以点击下方工具栏中的"编辑字幕"修改错别字，如图 3-7-20 所示。

图 3-7-19 "识别字幕" 界面

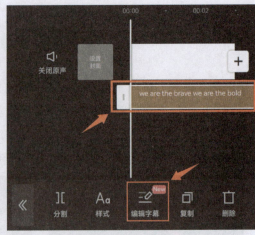

图 3-7-20 使用 "编辑字幕"

如果想把音频中的歌词转换成字幕，导入音频后可以直接点击音频轨道，在下方工具栏中选择"识别字幕"即可。通过"识别字幕"的功能生成的字幕可能有很多段，当选中其中一段调整字体的大小、颜色时，其余的字幕也会随之改变，用来制作讲解字幕非常方便。

在添加字幕时，注意不要在显示作者信息的地方添加字幕，字幕中的文字用普通的黑体、宋体就可以，尽量不要使用有描边变形的字体。

第 8 章　一键出片

为了让零基础的小白也能快速剪出精彩的视频，剪映提供了三种可以一键出片的功能。

✋1."一键成片"

在导入素材后，使用剪映中的"一键成片"功能，可直接生成剪辑后的视频。

（1）打开剪映，点击"一键成片"按钮，如图 3-8-1 所示。按顺序选择素材，点击界面右下角的"下一步"按钮，如图 3-8-2 所示。

图 3-8-1　"一键成片"　　　　图 3-8-2　添加素材

（2）直接生成视频后，在界面下方选择不同的效果，然后点击右上角的"导出"按钮即可，如图 3-8-3 所示。若需要对视频效果进行修改，可再次点击所选效果，点击"点击编辑"，可对素材顺序、音量及文字等进行调整，如图 3-8-4 所示。

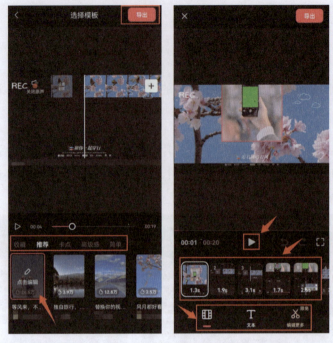

图 3-8-3　生成视频　　　图 3-8-4　修改界面

2. 通过文字生成短视频

使用"图文成片"功能，即可通过导入一段文字，让剪映自动生成视频。

（1）打开剪映，点击"图文成片"项，如图 3-8-1 所示。在打开新的界面中，选择"自定义输入"可直接将文字输入剪映，如图 3-8-5 所示。或者点击"自由编辑文案"项，在打开的界面中，可直接手动输入文字；可以点击下方链接标识，将发布在今日头条上的链接输入，自动导入文字；也可以点击"智能写文案"标识进行输入，如图 3-8-6 所示。

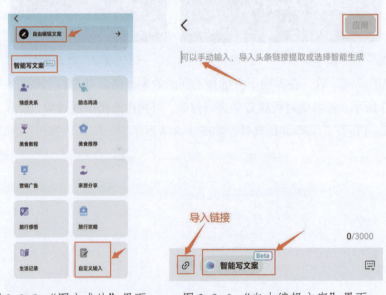

图 3-8-5　"图文成片"界面　　　图 3-8-6　"自由编辑文案"界面

（2）若要导入链接，点击链接标识按钮，在打开的界面中，复制粘贴链接，点击"获取文案"按钮，如图 3-8-7 所示。文章显示后，点击右上角的"应用"按钮，在打开的界面中，有三种匹配素材的生成方式可以选择，此处选择"智能匹配素材"项，如图 3-8-8 所示。

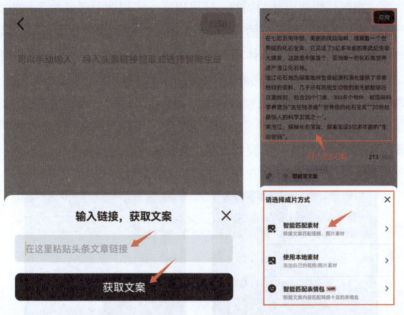

图 3-8-7　复制粘贴链接　　　　　图 3-8-8　选择素材的方式

（3）等待视频生成后，可预览生成视频。如果对视频的效果满意，点击界面右上角的"导出"按钮即可。若不满意，可以对"画面""音频""文字"等进行修改，或者点击右上角的"导入剪辑"按钮，利用剪映的全部功能进行详细修改，如图 3-8-9 所示。

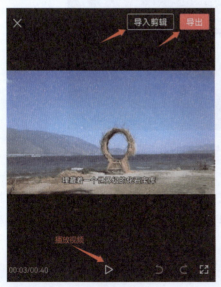

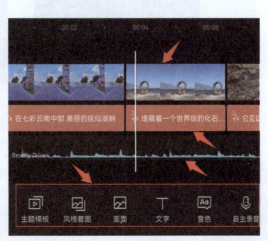

（1）预览视频　　　　　　　　　　（2）编辑界面

图 3-8-9　预览视频

3. 使用"剪同款"模板生成视频

"剪同款"是利用剪映官方或他人编辑好的模板来实现快速剪辑的手段之一，可实现一键套用模板并生成视频，快速出片的同时，还可以在一定程度上保证短视频的质量，对于没有视频剪辑经验的人来说是一种很好的选择。但缺点是模板的质量良莠不齐且部分需要付费，筛选费时费力，个人风格无法很好地体现，无法形成自身的风格，自然也就不利于变现。

（1）点击下方工具栏中的"剪同款"图标，进入"剪同款"界面，如图 3-8-10 所示。在上方的搜索框内，可以直接搜索已知的模板，此操作只适用于在知道模板名称情况下的搜索。在搜索框下方的分类中，可以按照类别快速找到一系列风格相似的模板，同时还会有抖音官方的火爆标签推荐，常用于仅有视频大纲，对具体内容和剪辑手法没有特定要求的情况。如选择"春日"系列中的"春日·赏花"，如图 3-8-11 所示。

图 3-8-10　选择"剪同款"　　图 3-8-11　"剪同款"界面

（2）进入模板后，会播放模板的效果预览，下方会显示该模板所需的素材。如图 3-8-12 所示，可以看到此模板需要 6 个视频片段，总时长 31 秒。点击界面右下角的"剪同款"按钮，在打开的文件夹中选择 6 个素材片段，继续点击界面右下角的"下一步"按钮导入素材，如图 3-8-13 所示。

 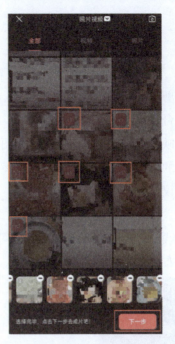

图 3-8-12 点击"剪同款"按钮　图 3-8-13 导入素材

（3）接着自动生成视频，点击界面右上角的"导出"按钮即可导出视频，如图 3-8-14 所示。如果需要修改，在导出视频前点击预览界面下方的需要修改的素材后，再次点击该素材，可以替换素材，或者进行裁剪、调节音量等设置，如图 3-8-15 所示。

图 3-8-14 导出视频　　图 3-8-15 修改素材

第9章 导出视频

对视频进行剪辑和润色，添加背景音乐、文字后，就可以将其导出保存或者上传到抖音或其他短视频平台并进行发布。

（1）点击剪映右上角的"导出"按钮，如图3-9-1所示，选择导出的格式。若选择导出视频，则需要调整导出的分辨率、帧率和码率。帧率选择30即可。为了让视频更清晰，如果有充足的存储空间，建议将分辨率设置为"2K/4K"。如果导出的格式是GIF，则需要调整分辨率，如图3-9-2所示。

（2）若选择导出视频，成功导出后，即可在相册中查看该视频，或者点击"抖音"按钮，直接在抖音上发布该视频，如图3-9-3所示。

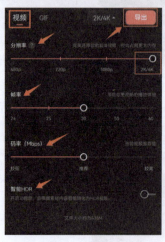

图3-9-1 导出视频　　　　　图3-9-2 导出GIF　　　　　图3-9-3 导出视频

（3）使用其他的剪辑软件导出视频时，同样需要点击界面右上角的"导出"按钮并设置导出视频的分辨率。一般来说，为了获得最优画质，建议选择最高分辨率。

第④部分　账号运营

在当今数字化时代，短视频已成为人们生活中不可或缺的一部分。各种短视频平台的注册用户数量已经突破亿级大关。然而，在这个庞大的用户群体中，真正能够成功运营短视频账号的人却寥寥无几。

对于那些将注册的账号仅视为日常娱乐的用户来说，他们或许无须过多关注运营技巧。但对于那些希望通过短视频扩大自身影响力、实现账号变现的人来说，短视频账号的运营就显得尤为重要。

短视频账号运营不仅仅是简单发布视频内容，它还涉及账号定位、账号搭建、账号运营、账号的引流和变现等多个方面。账号的定位和账号的搭建要找准目标受众，并根据他们的喜好和需求来制定内容策略。账号运营要从视频内容创作、发布策略、粉丝互动、数据分析这几个方面进行分析，来优化内容和策略。同时，还要掌握账号引流和变现的技巧，这样才能做好账号的运营。

综上所述，短视频账号运营是一个涉及多个方面的系统工程，想要成功运营短视频账号并扩大自身影响力，实现引流和变现，就需要认真学习和掌握短视频账号运营的相关知识和技巧，同时保持对市场和用户需求的敏锐洞察。只有这样，才能在竞争激烈的短视频市场中脱颖而出，成为真正的赢家。

第1章　账号定位

1.1　账号定位介绍

☞1. 账号定位的概念

账号定位是指运营者要确定账号的主攻领域和受众方向，以建立账号的核心竞争力和独特形象，从而吸引并维系粉丝群体。换句话说，账号定位也就是运营者要清楚自己要做什么类型的短视频账号，账号所服务的人群有哪些，能够通过这个账号吸引什么样的粉丝群体，同时这个账号能为粉丝提供哪些价值。

对于短视频账号来说，运营者不能只考虑自身获益而忽略给粉丝带来的价值，应该从多个方面去考虑账号定位，这样才能长久的运营好账号，得到粉丝的支持。

短视频账号定位的核心规则是：一个账号只专注于一个垂直细分领域，只吸引一类粉丝人群，只分享一个类型的内容。有了明确的账号定位，才有创作的方向和持续内容的输出，才能在众多账号中脱颖而出。

以抖音短视频为例，其账号定位需要思考五个关键的问题：你是谁？你给用户看什么内容？你和别人做的有什么不同？用户为什么要看？你这样做有什么优势？数亿的用户，每天产生的视频内容也是数以百万计，如何能让你发布的视频内容被更多人看到，被更多人喜欢，你的账号能有更多人关注，最关键的一步就是做好账号定位。

账号定位直接决定了我们的涨粉速度、变现方式、赚钱多少、赚钱的难度及引流的效果，同时也决定了我们的内容布局和账号布局。账号定位越明确、领域越垂直、粉丝就会越精准，变现也越轻松。

☞2. 账号定位的重要性

很多人对定位的概念非常模糊，甚至因为定位不够清晰，很难找到对标账号，导致在内容上完全没有方向，账号数据一塌糊涂。定位的目的，并非让我们能够知道自己未来的路在哪儿，而是通过定位，有一个整体的框架，输出统一指向的内容。因此，运营者在准备注册短视频账号时，必须将账号定位放到第一位，只有把账号定位做好了，之后的短视频运营道路才会走得更加顺畅。在短视频平台上有很多创意相似的短视频，很多人只是在模仿其他的用户，拍摄的视频中并没有个人的创意，这样的短视频会让用户失去新鲜感，不会给予过多的关注。因此，账号定位是真正做好一个短视频账号的关键，账号定位的重要性有以下五个方面。

（1）能够给用户一个明确的第一印象

账号的定位能够让用户快速了解你是谁，你想要做什么，建立清晰的账号形象。如图4-1-1

所示，从博主主页上的介绍可知，此账号的定位为美妆知识类。

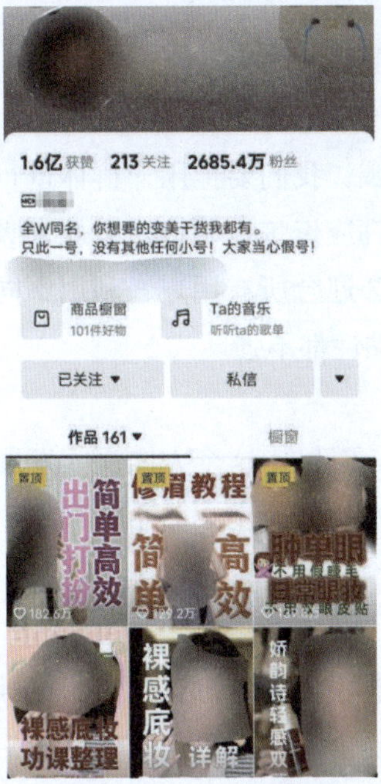

图 4-1-1　美妆类账号

（2）能够通过差异化内容快速突围

差异化突围中既要让平台能认识到你的差异，也要让用户认识到你的差异。通过差异化内容，可以在众多账号中脱颖而出，持续吸引用户。内容差异化是打造个人品牌的关键点之一，它可以让用户一眼就知道账号能提供什么样的价值，并且让用户联想到账号的过去和未来可能发布的内容，从而产生关注的冲动。

（3）明确自己的内容生产和变现方向

结合用户的需求、自己的内容生产能力、变现的方式去做好账号定位，账号定位明确，就可以产出垂直行业内容，保持后续内容的持续产出，保证账号能持续化运营。

（4）提升平台推荐的匹配度

短视频除了给用户打标签，平台还会给创作者打标签，然后根据用户标签将视频推送给对应的人群。如果定位模糊，将影响平台对账号打标签的精确度，视频推送的人群就会很乱，不利于视频传播。明确的账号定位可以提升平台推荐的匹配度，让你的视频推送更精准、更容易上热门。

（5）持续获取平台的流量扶持

在当下，所有的互联网平台如抖音、微博、小红书或者其他自媒体平台，都希望可以能有更多持续在特定领域产出垂直内容的账号，只有持续产出垂直的视频内容，才能培养粉丝的黏性，视频才能不断得到粉丝的认可。优秀的账号定位特征是高流量、高黏度、高变现，值得指出的是，定位不是针对产品，而是针对人，针对目标群体，就像是各种达人账号一样，这样的账号和内容对平台来说更有价值，平台才会不断地给予流量的支持。

☞3. 账号定位的原则

账号的定位应遵循以下五个原则。

（1）垂直原则

一个账号只专注一个细分领域，我们要把用户群体进行拆分、精细化，而不是广泛地面对大众。该账号下的每一个视频都应聚焦该领域，以此来吸引对该主题有浓厚兴趣的精准粉丝。不垂直等于不专注，当你想去迎合所有用户，利用不同的领域来吸引更多的用户时，就会发现可能所有用户对此账号的黏性都不强。

（2）深度原则

深度是指定位好一个方向后，就保持这个方向深入发展，需要精耕细作，提供深度价值内容，使账号在众多同质化内容中脱颖而出，而不能只想到一些肤浅、低级趣味、缺乏创意的东西。

（3）价值原则

对用户来说，有价值的内容他才会去看，有价值的账号，他才会去关注。价值可以分为很多种，视觉享受价值，娱乐享受价值，知识获取价值等，让用户能从你的分享中收获实实在在的知识、技能或者得到启发或愉悦。只有始终围绕"价值输出"这一核心，才能赢得用户的点赞、收藏和关注，也会获得平台更多的流量推荐。

（4）差异原则

只有差异，才能让你的账号从众多的账号中脱离出来，让用户通过内容记住你、关注你。差异可以从内容领域、IP或人设的特点、内容结构、表达方式、表现场景、拍摄方式、视觉效果等，众多方面进行体现和区别。差异化的内容可以提高视频的质量，给用户留下深刻的印象。因此，只有注重差异化创新，才能保持用户关注度和新鲜感。

（5）持续原则

持续原则是其中最重要的一个原则。尽管你以上几方面做得很好，但如果不坚持持续和稳定的更新，那么根据平台的规则和算法机制，账号的权重就会下降，获得的平台推荐量会变低，而且已经关注的用户也会容易流失。运营者只创作内容，而不输出内容，那么这些内容就不会被人看到，也没有办法通过内容来影响别人。

因此，运营者要根据自己的特点去生产和持续不断地输出内容，不但要保证高质量内容的持续输出，还要及时回应和满足用户的需求变化。账号运营是一项长期的工作，只有持之以恒地提供优质内容，积累口碑和影响力，才能打造出自己的特色，建立自己的行业地位，成为所在领域的信息专家实现粉丝增长与商业转化双重成功。

☞4. 账号定位的基本流程

很多人做短视频其实都是一股子热情，看着大家都去做也跟着去做，根本没有考虑过自己做这个账号的目的，到底是为了涨粉还是变现。

因此，在对短视频账号进行定位之前，运营者要先思考运营短视频账号的目的，如刷新用户认知、提升知名度、提供资讯服务、电商转化获利、带货变现等，当运营者明确了账号定位的目的后，就可以开始做账号定位，其基本流程如下。

（1）分析行业数据

在进入一个行业时，首先要了解这个行业有哪些人做得好，他们是如何将账号做好的。可以通过专业的行业数据分析工具进行分析，如飞瓜数据、蝉妈妈、新抖、卡思数据等，这样，不仅能了解到行业的最新玩法、发现用户喜欢的内容和创作方向，还能学习到同行的热门"套路"。

以飞瓜数据抖音版为例，它能为用户提供商品数据分析、品牌分析、热门视频、数据监测等功能，如图 4-1-2 所示为飞瓜数据抖音版的账号后台。

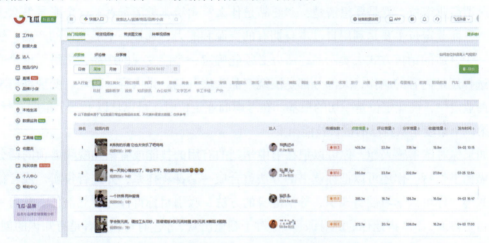

图 4-1-2　飞瓜数据抖音版的账号后台

（2）分析自身属性

在做账号时，一方面要从平台、从用户出发，另一方面也要从自己出发，看自己能做什么、擅长做什么，可以从兴趣爱好、专业特长、工作领域、个人能力和拥有的资源入手，再结合互联网趋势，找到适合自己的自媒体领域，这样才能保证内容的质量和持续性产出。

每个人都是独特的，都有自己擅长和不擅长的地方，像一些动画和特效类的账号和内容，如果自己没有这方面技能，那就无法做好内容。因此，要学会自我分析，了解自己是什么样的人，适合哪些行业或领域。比如，你很喜欢化妆，也知道很多的化妆知识，便可以创作关于美妆知识分享的视频。

（3）分析同类账号

要从多个方面进行拆解，分析同类账号的短视频选题方向、脚本结构、拍摄手法、视频剪辑包装、视频标题和留言区互动等，几个板块缺一不可。一方面，可以学习他们的优点；另一方面，也可以从中找到差异化的点，从而进行超越。

1.2 账号精准定位

俗话说，"不打无准备的仗"，要想在竞争激烈的短视频领域获胜，避免长期投入成为沉没成本，运营者就必须做好各项准备，做好详细的账号定位规划。账号定位决定了短视频账号的发展"天花板"，精准定位可以帮助短视频账号快速增长粉丝数，在后续运营中得到事半功倍的效果。

☞1. 商业定位

所谓商业定位，就是要想清楚："商品是什么？卖给哪类消费者？这个账号怎么去变现赚钱？"商业定位主要是利用自己本身拥有的资源和能力，选择一个能变现的产品，然后再选择一个合适的销售方式去卖产品，所以必须先确定一个能变现的产品，之后无论是变现方式的选择还是内容的制作，大部分都是围绕产品来展开的。做内容、粉丝、变现都离不开精准的商业定位，商业定位是一切的根基。在考虑商业定位时，可以从以下三个角度进行分析。

第一个角度是从自己的擅长技能出发。

如果你对读书感兴趣，你可以把在书中学到的有用的技能或者某句醍醐灌顶的话分享出来，做图书带货。你还可以把你读书的方法整合成一套课程体系，并进行售卖。或者你对健身感兴趣，你可以学习健身知识，分享健身的方法，吸引目标群体并建立信任。开启一对一健身付费咨询，不断搭建你的健身课程等。对于颜值出众、才艺有特色或者是有知识的创业者，可以通过直播打赏获得收入。而对于没有一技之长的普通人来说，可以找到自己感兴趣的领域深耕学习，并且把学到的内容分享出来，边干边学，从而找到适合自己的商业定位。只要用户有需求，你分享的东西就能创造价值。

这种定位方法适合打造个人IP账号的个人创业者。个人创业者通过明确目标群体，根据自身优势或热爱的领域进行定位，可以更好地满足受众需求，实现商业价值。这种定位方法也有助于个人创业者在竞争激烈的市场中脱颖而出，建立起自己的品牌形象和商业模式。

第二个角度是从市场空白出发。

从市场空白出发进行账号商业定位，寻找市场中尚未被充分满足的需求领域。例如，最近很火的代餐棒、代餐粉之类的食物可以起到辅助减肥的作用，这些运营者就是找到了减肥领域潜在的机会，打造自己的品牌。

从市场空白出发进行账号商业定位可以带来多种优势，但也需要深入了解市场和用户需求，以便准确找到空白领域并提供有价值的内容或服务。这种方式比较适合有一定资金，需要通过团队合作运营账号的创业者。

第三个角度是从自身产品出发。

对于许多已经有线下实体店、实体工厂的创业者来说，短视频是又一个线上营销渠道，由于变现的主体与商业模式非常清晰，账号的定位就是为线下引流，或为线下工厂产品打开知名度，像一些本地的餐馆、理发店，就需要吸引顾客到线下的门店进行消费，扩大自己产品的销量。这类运营者通常需要做矩阵账号，利用短视频的流量使自己的商业变现规模迅速放大。

👉2. 垂直定位

垂直定位即一个账号只专注于一个特定领域或主题来运营，即使运营者在多个领域都比较专业，也不要尝试在一个账号下发布不同领域的内容。例如，某个账号定位是视频营销，那么关于社群营销和网络推广等其他方法的内容就不要在这个号上分享了，因为视频营销和社群营销的人群不一样，表面上看一样，但真正吸引过来的目标客户群体完全是两个群体。因为这两个群体关心的问题不一样，一个关心怎么通过视频开发新客户，另一个关心怎么利用社群开发新客户。

从用户角度来看，越想迎合所有的用户做各种各样的内容，就越会发现更多的用户都觉得你不专业从而放弃关注你，因为在用户心中，总有一种"术业有专攻"的观念。

从平台角度来看，当一个账号的内容比较杂乱，则会影响内容推送精准度，进而导致视频的流量受限。

账号定位越精准、越垂直，粉丝越精准，变现越轻松，获得的精准流量就越多，同时也有助于建立账号的专业形象，提高转化率。如图 4-1-3 所示，该博主在做账号定位时，只专注于为广大网友提供新房装修上的新房验收、避坑指南等专业知识，帮助粉丝解决装修上的痛点，从而建立了自己的形象，也吸引了众多对装修领域感兴趣的粉丝。

图 4-1-3　某博主账号

3. 用户定位

在短视频领域，用户基础庞大，如何确定目标用户群是其中的关键。因此，在账号定位时，都应该确定该账号所服务的人群有哪些，用户的年龄、性别、地域是怎样的，用户的职业是什么。

这其实就是目标用户画像，用户画像就是将用户的属性、行为、期待等用简单的、更为贴近生活的话语勾勒出来。用户画像看似是一种用户特征的虚拟化，但实际上是根据产品和市场而构建出来的受众群体或目标群体。即便同一领域的账号，当用户不同时，不仅产品不同，最基础的视频风格也会截然不同。所以，明确用户定位，是确定内容呈现方式的重要前提。如果目标用户是年轻人，可以制作一些有趣、时尚、好玩的短视频；如果目标用户是年龄较长的家庭主妇，可以制作一些生活化、实用性且能引起情感共鸣的短视频。

例如，做穿搭分享的账号，根据受众人群的不同，就会有不同的类型的视频。如果受众是女生群体，那么视频内容就应该围绕女生的穿搭进行分享；若受众为男生群体，视频内容就应该围绕男生的穿搭进行分享。如图 4-1-4 所示为以男生为目标群体的穿搭分享账号，如图 4-1-5 所示是以女生为目标群体的穿搭分享账号。根据身高和体型的不同，还有针对小个子微胖女生的穿搭分享账号，如图 4-1-6 所示。这些即使不看内容，只通过封面，就可以看出受众不同，对内容的影响是非常明显的。

图 4-1-4　男生穿搭博主账号

图 4-1-5　女生穿搭博主账号

图 4-1-6　小个子微胖女生穿搭账号

4. 内容定位

短视频运营的本质还是内容运营，只有优质的内容才能吸引粉丝和快速变现。靠内容涨上来的粉丝，都是对所分享的领域感兴趣的群体，因此他们更加精准，黏性更高。内容是涨粉的核心，也是获得平台流量的核心，如果平台不推荐，流量就会寥寥无几，可能做一年也不会火。

内容定位的关键就是用什么样的内容吸引什么样的群体。在短视频平台上，不是什么内容火就做什么，而是什么内容能够帮助我们获得更精准的客户，我们就做什么内容。因此，运营者不能单纯地模仿和跟拍热门视频，而应该找到能够带来精准人群的内容，从而帮助自己获得更多的粉丝。

（1）内容定位应遵循的原则

在进行内容定位时，要遵循以下两个原则。

①内容定位要来自对用户需求的敏锐洞察

这里的用户需求，可能是用户对娱乐性能、功能或知识方面的需求，也有可能是用户精神和情感方面的需求。对于短视频的用户来说，他们越缺什么，就会越关注什么，运营者就是要找到用户的需求，制作出满足用户需求的内容，这样的内容因为符合用户的最佳需求，自然就会赢得用户的喜爱，从而无形中抢占了相关领域的市场先机。

由于短视频的时长有限，而能够抓住用户内心的点可能只有短短的几秒钟，因此，只有运营者站在用户的角度去思考，围绕满足用户需求来定位内容，才能吸引到精准粉丝，让他们持续关注自己的内容。

所以，只要运营者敢于在内容上下功夫，就不用担心没有粉丝和流量。而且粉丝的增长也会给运营者带来动力，让他们更有信心地坚持做下去，这是双向的。

②内容定位要贴合运营者的能力

运营者在进行内容定位的时候，切忌仅凭一时冲动或缺乏深思熟虑，这样做出来的内容定位往往不具备前瞻性和长久性。要知道看别人做得很火爆，做别人做的内容，如果这并不是自己擅长的，而且在这方面没有任何资源的积累，做起来也是相当困难的。

创作短视频时，若没有结合自身的特点和能力、没有经过深思熟虑就做内容定位，往往会出现内容定位与自我能力严重不符的情况。即便后期找一些有相关行业经验的人进行弥补，也很难达到理想的效果。

因此，运营人员应当在行业中积累一定的经验，有了足够优质的内容后，再合理地利用自己的能力和优势去做内容定位，进而输出这些内容，这样才能在同行业竞争中做出自己的调性，展现自己的核心竞争力。

（2）内容定位的标准

对短视频运营来说，内容是王道，是达成爆款的重要条件，内容只有让用户满意，他们才会有兴趣继续看下去进而点赞并关注。要做到这一点，运营者在内容定位上还要符合以下六个标准。

①简单：视频内容以简单为主，只分享一个主题，只表达关键的几句话就可以了，不能过于复杂，但逻辑要清晰，语速要适当。

②实用：视频内容要实用、有效，用户看完视频后最好能立刻应用。所以，除了内容简单，视频内容越有效，越实用越好。

③相关：短视频都是为用户服务的，因此，视频内容必须跟用户的日常生活、兴趣爱好、工作职业等息息相关。如果用户不喜欢我们的内容，那么平台给我们推荐得再多都没用，用户也不会看。

④系统：内容要具有一定的系统性，即打造一个专业的号。运营者可以围绕某个定位来打造专业内容，但是要记住，语言不能术语化，否则用户会因为听不懂而划走视频。

⑤迭代：内容要不断地更新迭代，不能一味地去抄袭同行，去模仿同行，我们也要有自己的东西，也要不断地对内容进行微创新，要有自己的特点，做出差异化和优质化的内容，这样才能让用户有兴趣。

⑥更新：要保持内容的持续更新。发布比创作更重要，只创作而不及时将内容上传到平台上，这些内容就不会有人看到，也不会有更多的粉丝去关注。只有持续更新内容，这样才能涨粉快，忠实粉丝也会更多。

（3）内容定位的规则

运营者只有在内容策划时始终围绕定位进行，内容的方向才不会有偏差，用户才会给内容点赞并转发。在内容定位规划时，也要注意以下规则。

①选题要有创意和趣味性

选题上要富有趣味性，不枯燥、不死板，且有着独特的创意，最好是市场上稀缺的内容。可以结合当下热点、结合跨界等，这样的内容在形式上可以给用户新颖的感觉，激发用户观看的欲望。

②剧情要有落差

因为短视频的时长较短，所以内容通常比较紧凑。但是，运营者在能够清晰叙述信息的同时还应注意在剧情上有些高低落差，平淡地讲述是无法吸引用户的，要让用户有想要继续看下去的冲动。

③内容要有价值

当前，在碎片化越来越凸显的时代，人们的时间是非常宝贵的。所以，必须在用户宝贵的时间里为其提供更加有价值的内容，这样的内容能够为用户提供更加满足其生活形态和生活方式的信息，更加易于被用户所接受。用户想要观看的是有价值性的内容来获得需求上的满足，可以是知识层面的提升、情感上的满足或者是精神层次的升华。当下，科普类、经验类、技巧类的视频内容非常火，就是因为这些内容对用户来说是有价值的。如图4-1-7所示，该账号的视频就是科普科学知识的，这些视频获得的点赞量也是非常不错的。对内容品质的追求成为用户追逐内容的新方向，而精品内容则成为短视频发展的一种趋势。

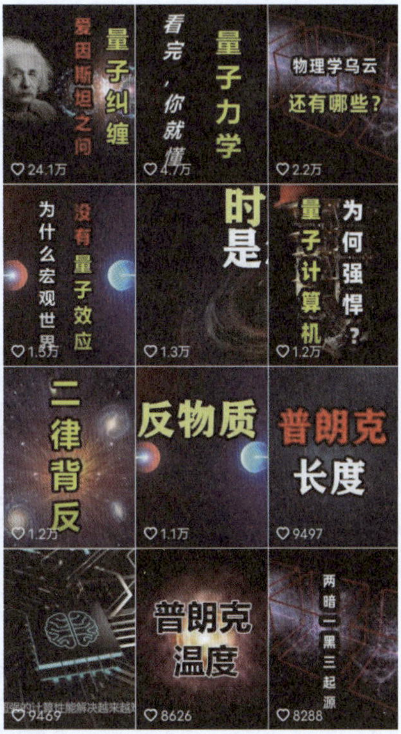

图4-1-7 科普类账号

④情感要有对比

只有能够打动用户内心的内容，才能被他们喜欢。因此，可以在内容中加入一些情感对比，触动用户的情感共鸣点，带动他们的情绪。

⑤时间要有把控

运营者要把握好短视频的节奏，合理安排视频的时长。短视频的时长应该能够充分展示和传达想要表达的内容，同时保持简洁有力。如果内容非常复杂或需要深入阐述，可能需要更长的时长来确保用户能够完整理解和吸收信息。但是，尽量避免过长的视频，以免引起用户的厌倦或使他们失去兴趣。在快节奏的信息时代里，人们对时间过长的视频很难坚持看完。

5. 差异化定位

在同质化日趋严重的短视频平台，要想吸引用户的注意力，账号必须与众不同，形成个人独特的标志，这样用户才会有记忆点，才能被记住，从而增加用户的黏性。

运营者想要在用户心中树立什么样的形象，就可以设置相应的标签，选择标签时要选择最突出的、最能抓住用户的一点即可。设置好标签之后，运营者要设置可以体现该标签的记忆点，具体可以从以下四个方面展开。

（1）语言

人物的语言可以直接而精准地传达大量的信息，体现人物特点，塑造人物个性，传达价值观。人们在视频中记忆最深的地方是视频开头或结尾的部分，因此，可以在这两个位置设计强化账号标签的语言。

设计的语言可以为自我介绍或口头禅等。例如，某美妆直播博主，在每次涂完好看的口红后会说一句"Oh! My God!"，会让大量年轻女性产生购买口红的冲动。如图4-1-8所示，该博主在视频的最后都会说"爱设计超过爱男人"，既强调了主题，也体现了人物个性。

图4-1-8　某博主设计语言

运营者也可以从声音的特性，如音调、音色和音速等来设计记忆点。例如，拍摄一段有关人文的纪录片短视频，旁白配音就要极具辨识度，尽量让嗓音显得浑厚深沉，散发出智者的韵味，同时声音也要与画面协调一致，让声音烘托出浓厚的文化氛围。

（2）外形

人物的造型或者使用的相关道具也会给用户留下印象，因此，它们也值得精心设计。如图4-1-9所示，该博主利用农村的场景、废弃的日用品改造的工具形成的独特的造型，深受用户的喜爱。

（3）动作

人物的标志性动作也能够提高辨识度，例如田径运动员吴艳妮的招牌动作，就让人印象深刻。因此，短视频也可以给人物设置一个标志性的动作，让用户在看到这一动作时，马上想到该短视频账号。

（4）情节

运营者可以在短视频中设置一个固定的情节来表达内容，以强化人物定位。如图 4-1-10 所示，该账号主要以沉浸式讲书，分享各种书的金句为主，让用户通过观看视频完成自我提升，也强化了该博主的角色定位。

图 4-1-9　动作设计

图 4-1-10　情节设计

1.3　参考对标账号

1. 对标账号分析

对标账号即在与自己相同的领域中做得好的账号。运营者在视频创作刚开始的时候，都需要找到对标账号，分析竞品的创作思路、方法和运营模式，寻找出适合自己又适合传播的表现形式，同时通过对比找出差异化。

一方面，参考对标账号，让自己脑海里先有个目标和范围，再逐步开展，这可以减少很多试错的成本，少走很多弯路。

另一方面，运营者可以通过分析这些账号的变现方式与规模，来预判自己的收益，并根据对这些账号的分析不断微调自己账号的定位。

在进行对标账号分析时，可以从账号搭建、内容层面、变现思路和热门评论这几个地方着手。

2. 对标账号查找方法

查找对标账号的方法有关键词搜索法、平台工具法、第三方工具法和平台算法机制法这四种方法。

下面，以抖音平台为例，为大家展示对标账号的查找过程。

（1）关键词搜索法

根据自己的内容，来选取相关的关键词，可以是核心关键词，也可以是长尾关键词。确定关键词之后，直接打开抖音平台，输入关键词，点击搜索即可。如图 4-1-11 所示，搜索"职场"关键字，进行筛选。

图 4-1-11　搜索"职场"关键字

　　需要注意的是，搜索结果一定要进行筛选，最好筛选最新发布，发布时间在一天内或者一周内的作品，这样找到的对标账号也更具参考价值。如图 4-1-12 所示，点击右侧的筛选按钮，对排序依据、发布时间、视频时长、搜索范围进行选择。也可以在搜索栏下面选择"用户""直播""话题"等标题，用多种方式查找对标账号。

图 4-1-12　筛选视频

　　（2）平台工具法

　　平台工具法即使用平台自带的工具，来进行对标账号的查找。这需要运营者对平台各个工具的具体功能，以及使用方法，有一个明确的认知。

运营者可以从抖音的"创作灵感"中找到热度较高的主题。在抖音中搜索"创作灵感"，点击进入，如图 4-1-13 所示，选择热度较高的创作灵感主题，然后点击"相关用户"，找到大量对标账号，如图 4-1-14 所示。

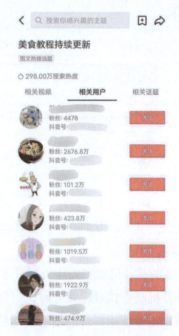

图 4-1-13　"创作灵感"页面　　　　图 4-1-14　选择对标账号

或者可以利用抖音的热点宝，搜索对标账号，如图 4-1-15 所示，并对某一对标账号进行数据分析，如图 4-1-16 所示。

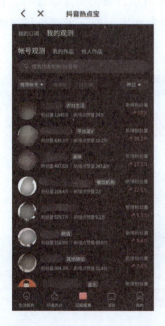

图 4-1-15　搜索对标账号　　　　图 4-1-16　分析对标账号

（3）第三方工具法

除了平台自带的工具，一些第三方的工具也可以用于查找和分析对标账号。例如，可以利用飞瓜数据软件，在其中筛选符合要求的账号，搜索对标账号并对对标账号进行数据分析，如图4-1-17所示。

图4-1-17　用第三方软件分析对标账号

（4）平台算法机制

可以利用抖音的推荐机制和关注机制来寻找对标账号。

利用抖音推荐机制查找对标账号时，可先在抖音主动搜索行业关键词，在搜索结果中浏览一些视频，模拟正常使用抖音的情况。然后，在推荐列表里会刷到一些与自身产品相关或者不相干的视频。针对不相干的视频，长按视频，点击"不感兴趣"即可；针对相关的视频，可以多停留多互动。等待一段时间之后，会发现系统推送的视频与关键词都是相关联的。这个时候，只需要一个个点开该视频的主页，分析该账号是否有成为对标账号的潜质即可。

关注机制就是点开某个账号的主页，如图4-1-18所示，点击关注该账号，抖音会推荐与该账号发布的视频类型相类似的账号，运营者可以进行选择查看，进而分析该账号是否可以成为对标账号。

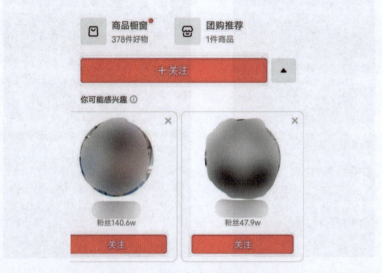

图4-1-18　点击"关注"

第 2 章　账号搭建

2.1　为账号确立人设

☞ 1. 账号的人设

（1）人设的概念

人设指人物设定，是用户对账号的第一印象，包括性格、身份、谈吐、修养、行为、价值观等。短视频常见的人物性格特征，比如搞笑、狂热、原生态、率真、励志等，都是人设。此外，正能量、有爱、呆萌这些性格特征也是一种人设。

（2）人设的重要性

没有人设的短视频就没有灵魂，建立稳定的人设才能保证后续内容风格稳定，持续垂直化输出。

为账号确立人设不仅可以增加用户的黏性，使他们在海量的短视频内轻易记住你，还能有效提升作品的传播效果。通过精心打造与众不同的人设，也可以吸引用户的目光，激发他们的好奇心和兴趣。无论是选择特殊的形象、独特的才艺，还是展示独特的个性，都能使账号在短视频平台上脱颖而出。

人设不仅有助于增强用户的关注和喜爱，更能让作品在社交媒体平台上获得更广泛的传播。一个鲜明且具有特色的人设往往能给用户留下深刻印象，使他们更乐于将作品分享给身边的朋友，从而迅速扩大影响力和传播范围。因此，为账号确立一个吸引人的人设是短视频创作者在竞争激烈的市场中脱颖而出的关键策略。

个人或品牌形象的塑造在很大程度上依赖于人设的建立。一个清晰且独具特色的人设，对于个人和品牌都至关重要。通过构建与自身或品牌价值观相吻合的人设，可以更有效地传达出我们的形象与理念。当用户在欣赏我们的作品时，他们会通过账号的人设形象来了解账号和账号所代表的品牌，从而建立起对账号或品牌的认同和信赖。如图 4-2-1 所示，该博主的人设定位属于科学护肤，常分享护肤的秘诀，并得到了很多用户的喜爱，因此，许多用户因为信任该博主，从而信任他推荐的产品。

图 4-2-1 某博主人设

此外，短视频中的人设构建也是获得商业机会的关键。随着短视频行业的迅猛发展，越来越多的品牌和机构开始寻求与短视频创作者的合作。一个独特且符合市场需求的人设无疑会吸引这些合作伙伴的注意。当账号的形象与他们的品牌形象不谋而合时，合作的可能性将大大增加，为账号带来更多的商业合作机会和经济回报。通过精心打造和优化人设，可以让个人和品牌的形象更加鲜明，影响力更加深远。

综上所述，好的人设可以让运营者从众多短视频账号中脱颖而出，让用户对账号产生深刻的印象和好感，并且能快速记住账号 ID，提高作品传播效果，塑造个人或品牌形象以及获得商业机会等。在短视频创作中，通过认真思考、精心打造人设，可以取得更好的创作成果，最终实现快速涨粉、变现等。

2. 人设的确立

短视频的内容制作具有高度的可塑性和设计性，这使得运营者能够灵活地塑造各种人物设定，以吸引和满足用户的特定喜好。然而，这种精心构建的人设可能会与现实生活中的人物存在偏差甚至完全不同，这种偏差在某些情况下可能导致人设的"崩塌"。当用户发现运营者所展现的人设与其真实情况存在显著差距时，可能会感到失望或愤怒，从而导致他们迅速失去对该账号的兴趣，甚至可能导致该账号的粉丝数量大幅下降，声誉受损进而难以再次获得关注。

我们要考虑的不是哪个人设更讨喜，而是考虑我们适合哪个人设。为了避免人设的"崩塌"，正确的做法是将运营者最真实、最自然的人设表现出来，这对运营者而言就是最好的人设。

因此，可以从自身的情况出发，深入挖掘并展示自己的特质、技能、性格特点和独特之处，找到适合自己的人设。具体可以从以下几个方面来确立自己的人设。

（1）根据自身社会角色

根据自身在社会中的角色来确立短视频账号的人设是一种非常有效且可靠的方法。每个人都有多重社会角色，这些角色不仅仅是身份的象征，更是行为、语言和态度的体现。这些角色不仅在工作中有所体现，也在家庭、社交场合等多个方面展现出来。

在工作环境中，你可能是一名尽职尽责的职员，也可能是一位肩负重任的领导。这些角色决定了你与同事、上下级之间的交往方式、沟通风格以及处理问题的方法。将这些角色特质融入短视频创作中，能够让用户迅速产生共鸣，并对你的人设产生深刻印象。自身的职业也能够成为个人的人设，从事哪种职业就发布与该职业相关的内容，用自己的经验给用户传递价值。如图 4-2-2 所示，该博主的职业是大学法律教授，因此，在短视频中科普的法律知识让用户觉得该博主非常可靠进而关注该博主，这正是因为他的职业让用户觉得视频内容非常专业，用户也会更加信任他。

图 4-2-2　某法律教授的科普视频

在家庭中，博主可能是一位慈爱的父母，也可能是一个孝顺的子女。这些家庭角色影响着博主在家庭中的行为举止、对待家人的态度以及处理家庭事务的方式。将这些家庭角色融入短视频，能够展现出博主作为家庭成员的真实面貌，让用户感受到博主的亲和力。比如，某生活类博主家中的双胞胎姐妹，双胞胎姐妹的性格反差极大，姐姐斯文聪明，是个爱学习的"大学霸"，妹妹古灵精怪且爱闹腾，是个活泼可爱的"小学渣"，还常常因为智商不够而被整蛊。因此，在视频中记录姐姐妹妹的日常生活时，两人的性格给视频增加了不少笑点，赢得了很多用户的喜欢，如图 4-2-3 所示。

图 4-2-3　两姐妹的日常生活分享

因为这些社会角色是人们生活中非常熟悉的，所以，在短视频中展现这些角色，会给人一种非常自然和真实的感觉。这种自然和真实不仅能够激发用户的兴趣，还能够增加用户对我们的信任感。

同时，这些角色是基于自身的真实经历和感受，所以在维持人设时也会变得更加容易。不需要刻意去模仿或者塑造一个与自己完全不符的形象，只需要真实地展现自己的角色特质和行为方式即可。这样不仅能够保持人设的一致性和稳定性，还能够避免因为人设"崩塌"而带来的负面影响。

当然，在根据自身社会角色确立人设时，也需要注意避免过于单一和刻板。每个人在社会中都有多面性，不同场合和情境下会展现出不同的角色特质。因此，在短视频创作中，可以适当地拓展和丰富自己的人设，展现出更多面的自己。同时，也要保持对人设的敬畏之心，避免因为一时冲动或者盲目追求关注度而做出与人设不符的行为或言论。

根据自身社会角色确立短视频账号的人设是一种简单可靠的方式。通过真实地展现自己在社会中的角色特质和行为方式，可以和用户产生共鸣并取得他们的信任，建立起稳定且自然的人设形象。同时，也需要注意保持人设的一致性和丰富性，避免因为过于单一或者冲动而导致人设"崩塌"的风险。

（2）根据个人兴趣与专长

账号运营像是一场马拉松，需要的是耐力和持久性。要在这漫长的赛道上稳定前行，个人的兴趣和专长就如同跑道上的助推器，为我们提供源源不断的动力。如果在一个自己毫无兴趣或者一无所知的领域努力，那么每一次更新、每一次互动都如同负重前行，难以持续。

因此，确立人设时，选择自己真正热爱的方向至关重要。这不仅能让你的内容更具真实性和深度，还能让你在面临困难和挑战时，有足够的热情去应对。同时，拥有一定的经验或专长也是确保账号持续发展的重要因素。这样，你不仅能更专业地为用户提供有价值的内容，还能在激烈的竞争中脱颖而出。

所以，为了确保账号长期稳定的运营，我们应该从自己的兴趣和专长出发，为自己找到一个既热爱又能发光发热的方向。这样，我们才能在这条漫长的赛道上，始终保持热情和动力，为用户提供有价值、有深度的内容。

想要根据兴趣和专长确定自己人设的前提是要清楚自己的兴趣和专长。

因此，第一步就是要深入了解自己，挖掘自身兴趣和专长。兴趣可以是小时候的爱好，也可以是在成长过程中逐渐发现的新兴趣。不论是音乐、绘画、摄影、旅行、美食还是科技等，每个人都有自己独特的兴趣领域；专长就是在某个领域具备的技能或知识。然后，可以将兴趣与专长相结合，形成一个人设的核心。

比如图 4-2-4 所示的账号，该博主热爱旅行并且有着非常强的文字功底，在视频中，介绍了许多景色优美的地方，再加上非常有诗意的文案，温暖了许多用户，也带动了视频中那些地方的旅游产业。该博主用温暖的语言鼓励身边人，行万里路，用脚步去丈量这个世界的宽度与长度，用自己的诗情画意为每一个身处都市的灵魂带去诗和远方，深受用户的喜爱。

在运营时，还需要持续优化和提升自己的兴趣和专长。通过不断的学习和实践，提升自己的技能水平，拓展自己的知识领域。这样不仅可以让人设更加丰满和有深度，也可以让我们自己成长和进步。

根据个人兴趣与专长确立短视频账号的人设是一个既有趣又有挑战性的过程。通过深入了解自己、发掘自己的兴趣和专长、展示自己的个人特质以及保持真实与热情，我们可以打造出一个独特且吸引人的人设形象。

（3）根据个人的性格特征

除了兴趣和专长，我们还可以根据自己的个人特质来确立人设。这些特质可能包括你的性格、价值观、生活态度等。因为个人性格往往能够最真实地反映个人的内心世界和价值观，进而影响到与他人的互动和表达方式。通过展示这些特质，可以让用户更深入地了解博主，进而增强与粉丝的互动和黏性。

例如，你是一个外向的人，善于表达和交流，那么可以选择一个活跃的账号人设，通过一些剧情，让用户

图 4-2-4　旅游博主的视频

感受到你所带来的快乐；如果你是一个乐观向上的人，总是能够积极面对生活中的挑战与困难，那么可以将这种乐观的态度融入账号内容中，传递出积极向上的价值观。如图4-2-5所示，该账号视频中的剧情专注于女性话题，探讨女性困境，让更多的人关注到女性。

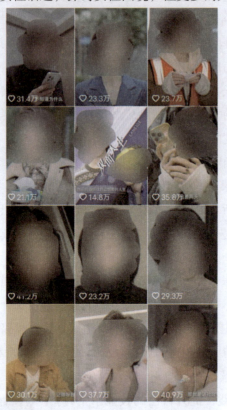

图4-2-5 专注于女性话题的账号

根据个人性格特征确立账号人设是一个综合的过程，需要考虑多个因素，并将这些因素有机地融合在一起。通过打造一个真实、有吸引力的账号形象，我们可以更好地与粉丝进行互动和交流，进而建立起一个稳固的粉丝群体，为账号的长期发展打下坚实的基础。

（4）根据带货产品的特点

一些短视频内容创作者由于具有某些商品的资源，所以在创建账号时就已经确定了自己带货商品的种类。如图4-2-6所示，该账号带货的商品是文具，因此，需要亲身使用让用户感受到产品的优点，这样才能提升用户的购买意愿，也带来了更多的忠实粉丝和稳定的销售转化。

图 4-2-6　文具类带货账号

　　此外，运营者还应该注意与粉丝的互动和沟通，需要真诚地回应粉丝的反馈和建议，及时调整自己的人设方向，以满足粉丝的期望和需求。同时，运营者也应该保持谦逊和自省，不断学习和提升自己的创作能力，以确保能够长期维持一个真实、有趣和受欢迎的人设。

　　综上所述，短视频账号的人设构建是一个复杂而关键的过程。运营者需要在确保内容有趣、吸引人的同时，保持真实性和一致性，以确保人设能够长久存在并获得粉丝的持续关注和喜爱。

2.2　账号设置

　　定位好人设之后，就到了实际操作阶段——创建视频账号。创建视频账号并非简单地注册一个账号，而是要进行全方位的构建。尤其在当前激烈的市场竞争环境下，要想脱颖而出，就必须在账号的每一个细节上都下足功夫。

　　以抖音软件为例，当用户点击进入某博主的主页时，首先映入眼帘的是名字、头像、主图、视频封面等关键信息，如图 4-2-7 所示。这些内容如同一个微型的名片，传递着博主的风格、内容和价值。通过了解这些内容，用户就能基本了解这个账号能为他带来什么价值。如果用户觉得这个账号对他有用，基本就会关注该账号；反之，如果用户觉得没用，或者用户无法迅速判断出该账号的价值所在，他们可能会选择直接离开，寻找更符合自己需求的账号。因此，在短视频平台上，一个清晰、有吸引力的主页设置对吸引和留住用户是非常重要的。

图 4-2-7 "DOU+ 小助手" 主页

☞ 1. 账号名字设置

名字是账号的第一印象，也是吸引用户点击进来的关键因素。一个好的账号名字应该简洁、易记，同时能够准确传达账号的主题或特色。一个好的账号名字能够快速锁定用户，降低传播成本，也可以体现账号价值。因此，账号名字的设置要注意以下三点。

（1）账号名字要好记，不能太长。简短的名字通常更易于记忆，即使用户在无意中看到，也可以在脑海中形成一个模糊的印象，当他们再次遇到这个名字时，会大大增加被记住的概率。为了确保名字简短易记，最好将名字的长度控制在 8 个字以内，同时在取名时，要取一个有辨识度的名字。

（2）账号名字要好理解，最好跟自己的领域相关或者能够体现身份价值。如果账号发布某垂直领域的视频，那最好在名字中体现出来，例如，"四川文旅"，一看名字就知道是分享四川景点的账号。如果账号人设是一个时尚美妆博主，那么名字可以包含"时尚""美妆"等潮流美妆关键词。

还需要注意一点的是账号名字注意避免生僻字，通俗易懂的名字更容易被大家接受，也利于运营和宣传。同时，账号名字还要根据视频的受众有所倾斜，若主要受众是年轻人，则名字中带有英文会显得更加时尚，但若受众为中老年人，则名字中带有英文的话，这些用户会因为不认识而有排斥心理，很有可能不会关注该账号。

（3）账号名字要易于传播。可以使用与微博、微信等相同的账号名，这样可以让周围人快速找到你，且能够利用其他平台所积累的流量，作为在新平台起步的资本。若在创建账号之前有自己的品牌，可以直接使用品牌名，这样可以线上线下联动运营，扩大品牌的宣传。

☞ 2.账号头像设置

在互联网的世界中，头像不仅仅是一个小小的图像，它更是一个无声的语言，传达着账号背后的故事和特色。对于运营者而言，头像更是展示自己或品牌形象的重要窗口。

一个好的头像应该能够让用户一眼就认出你的账号，甚至在未来的某个时刻看到头像就能想起你的账号。因此，头像的设计需要具有独特的风格和元素，让它在众多头像中脱颖而出。

运营者在设置头像时，需要注意以下四点。

（1）头像的设计需要符合账号的领域和定位。不同的领域有不同的特点和受众群体，头像的设计也需要相应地调整。例如，对于萌宠类视频的账号，头像最好是宠物照片，如图 4-2-8 所示；科技领域的账号，头像可以选择简洁明了的科技图标或产品照片，如图 4-2-9 所示。这样的头像不仅能够凸显账号的特色，还能够吸引目标受众的关注。

图 4-2-8　萌宠类账号头像　　　　图 4-2-9　科技类账号头像

（2）头像要尽量简洁，让用户一目了然。像是文字头像，尽管能够直接传达信息，但字数应当控制得当，否则容易显得杂乱。同样的，卡通或图案头像，色彩的选择和使用同样重要。过于复杂的色彩搭配可能会使用户感到眼花缭乱，而简洁、和谐的色彩组合能够带来舒适的视觉体验。

（3）对于个人账号，使用自己的肖像作为头像是一种很好的选择。这种真实的、不做作的方式往往深受粉丝喜爱，因为它能够拉近博主与粉丝之间的距离，增强粉丝的黏性。例如，知识付费类博主可能会选择身着职业装的照片，以展现其专业和严谨；时尚类博主则可能倾向于选择衣着时装的照片，以突出其时尚品位；而才艺类博主的头像，则直接展示其才艺内容，以此吸引对此感兴趣的用户。

对于企业账号，则可以考虑使用主营产品、企业名称或 Logo 等作为头像。这样不仅能起到宣传和推广的作用，还能通过品牌本身的知名度和资源，为短视频账号带来更快的成长。

（4）照片中头像的比例也是一个需要关注的点。照片过大或过小都可能影响整体的美感，因此选择适当的比例至关重要。

通过综合考虑这些因素，我们可以设计出一个既精致又简约的头像，为用户带来更好的视觉体验，也为账号的成功打下坚实的基础。

☞ 3. 账号简介设置

除了引人注目的名字和头像，简介在短视频平台上扮演着至关重要的角色，它是用户深度了解账号内容的另一个重要场景。当用户被一个精彩的视频吸引，他们往往会点击头像，期待探索更多同样精彩的内容。此刻，简介就像是一扇窗户，让用户在短时间内就能对账号的视频内容特色一目了然。一个精心编写的简介，不仅能迅速传达你的账号定位，还能有效吸引用户关注，进而为你的账号带来更多粉丝。

对于短视频账号来说，简介的主要原则是"描述账号＋引导关注"，基本设置技巧如下。

（1）语言简洁明了。要在有限的字数内，不仅要精准描述你的账号内容，还要能够吸引用户的注意力。因此，要通过简洁的文字，尽可能多地向用户输出信息，可以考虑突出对自己的介绍、账号的定位和内容、价值主张。同时，巧妙地运用一些吸引人的词汇或句子，激发用户的兴趣，引导他们进一步关注你的账号。有一点需要注意的是，简介中的文字不要有生僻字。

如图 4-2-10 和图 4-2-11 所示的抖音中某两位博主主页中的简介，他们都向用户展示出了自己的身份，能够增加用户对内容的认同感；介绍了各自的账号内容和账号价值，让用户能轻松了解该账号是否符合自己的需求。

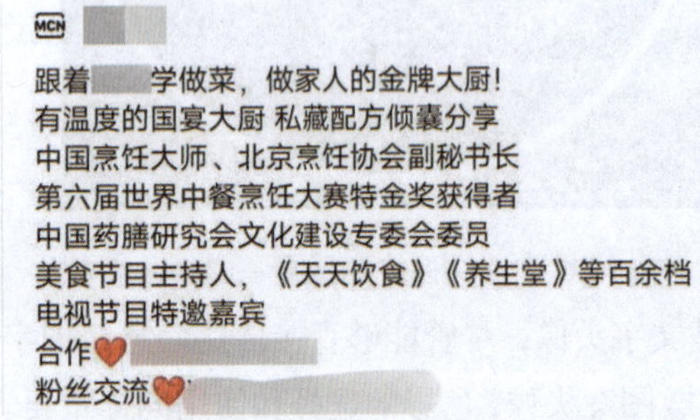

MCN
跟着 学做菜，做家人的金牌大厨！
有温度的国宴大厨 私藏配方倾囊分享
中国烹饪大师、北京烹饪协会副秘书长
第六届世界中餐烹饪大赛特金奖获得者
中国药膳研究会文化建设专委会委员
美食节目主持人，《天天饮食》《养生堂》等百余档
电视节目特邀嘉宾
合作 ❤
粉丝交流 ❤

小号在这里
能给别人带来快乐是一件很酷的事情！
非正常铲屎官和五只猫的离谱日常😎
家庭成员介绍：噗爸
噗噗（已绝育）、糯糯、随心飞、老二、Cookie
商务✨：

图 4-2-10　某烹饪类博主 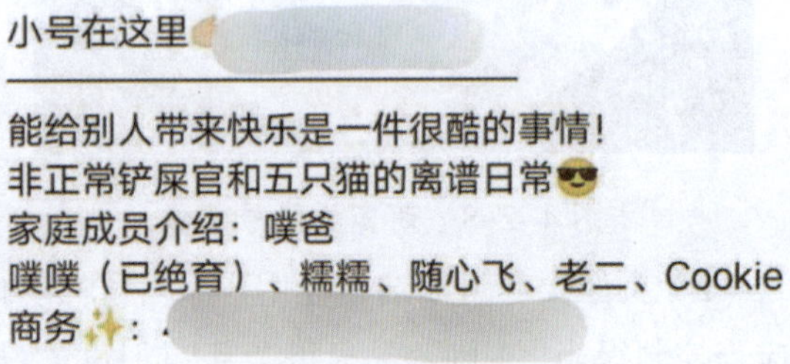　　　　　　　图 4-2-11　某萌宠类博主

（2）简介排版要美观，可以表现自己的一些小个性。为了达到最佳的观感效果，在编写简介时注重排版的美观性。每句话之间可以适当换行，保持一定的空白，避免文字过于拥挤。同时，尽量让每句话的长度基本相同，这样不仅可以使简介看起来更加整洁，也能帮助用户更快地获取信息。还可以在简介中添加一些有趣的图案或符号，为整体增添活泼的元素。这些图案可以是与账号内容相关的图标，也可以是代表个人风格的符号或表情。它们不仅能够美化简介，还能帮助用户更好地记住你的账号，如图 4-2-12 所示。

全能辣妈 也是你的电子好闺蜜
宝宝的成长记录（家有半岁小公主
精致生活 | 母婴知识 | 家居装修 | 好物分享
珠宝首饰收藏家
咖啡旅游爱好者

图 4-2-12　某宝妈账号介绍

此外，一个独特的观点或体现个性的文字也是吸引用户的关键。因此，可以在简介中分享自己的见解、感悟或是生活态度，让用户感受到独特魅力。这样的简介不仅能拉近与用户的距离，还能提升他们对博主的好感度和信任度，从而促进粉丝的转化，如图 4-2-13 所示。

图 4-2-13　某旅行博主介绍

一个美观且富有个性的简介，就像一张精致的名片，能够迅速吸引用户的目光，并为账号增色不少。通过精心设计的简介，不仅能提升用户的留存率，还能为账号的长期发展奠定坚实基础。

4. 账号封面设置

在短视频平台观看视频的人，大多是视觉优先的，许多人会根据封面来判断内容。设计封面图与制作视频相比，看似前者的工作量不大，但是一个好的封面对于视频是否能吸引更多用户、实现广泛传播却具有至关重要的作用。一个爆款封面的基本特点包括清晰明亮、布局简洁、层次分明、对比强烈、彰显个性。

封面图可以是真人封面也可以是文字封面，对于真人封面，可以让人感到更可信，也更容易让人观看视频并进行互动；文字封面则让用户一眼看到账号内容，以便判断该视频是否值得观看。

一个好的账号封面应当做到以下三点。

（1）封面要体现账号主体风格和内容主题。引发好奇心的封面是促使用户观看视频的关键所在，如图4-2-14所示。能产生强烈对比的视频封面也会让视频的浏览量更高，如图4-2-15所示，从封面可以看出，该博主减肥前后的对比非常强烈，能够刺激用户点击并观看视频。还可以通过人物夸张的表情或动作，直观地将情绪表现出来，这能够增强用户的心理刺激，使用户有想要探寻的欲望。

图4-2-14　引发好奇的封面　　　　图4-2-15　产生强烈对比的封面

（2）封面之间要相互统一，最好使用固定的风格格式，让用户形成反射弧，如图4-2-16所示。

（3）封面文字删繁就简，要能快速体现核心价值，选择造型优美的字体，如图4-2-17所示。

图4-2-16　统一的封面格式　　　　图4-2-17　封面文字案例

2.3　账号标签

☞1. 认识账号标签

短视频还需要设置恰当的标签，让对某一类内容感兴趣的用户最大概率地能看到你的视频。这些标签在短视频平台推荐算法中扮演着至关重要的角色，它们决定了哪些用户最有可能看到你的视频。明确的账号标签意味着看到视频的用户与内容有更高的关联性，这些用户在观看视频后，更有可能产生点赞、评论或转发的行为，从而进一步提升视频的曝光度和影响力。

以抖音为例，每个抖音账号都有三大核心标签，分别是内容标签、账号标签和兴趣标签。

（1）内容标签

内容标签主要围绕视频本身的内容和特点进行设定，每发布一个视频，就会为其打上一个标签，比如美食、旅行、时尚等。随着同一标签下内容的不断积累，视频推送的目标用户群体也会越来越精确。连续发布相同标签内容的账号，由于其在某一领域的专注度和深度，往往能够获得更高的账号权重。这样的账号在平台眼中更具价值，因此会获得更多的资源倾斜和曝光机会。

（2）账号标签

账号标签是对账号的整体风格和专业领域的综合体现。要想获得账号标签，除了确保所发布视频的内容和标签要高度一致，还要让头像、名字、简介、背景图等都与标签紧密关联，这样才能提高获得账号标签的概率。此外，进行"个人认证"并上传相关领域的资质证明也可以让系统更准确地判断你的专业领域，从而为你打上更精准的账号标签，如图4-2-18所示。一旦账号获得了明确的标签，就意味着该账号在某一垂直领域已经具备了一定的权重和影响力。这不仅是运营阶段性成功的象征，更是账号未来发展的坚实基础。

图 4-2-18　个人认证

（3）兴趣标签

兴趣标签是反映用户个人浏览偏好的重要标识，是基于用户在抖音平台上的浏览行为生成的。当用户频繁观看某一类型的视频，如健身、美食或旅游等，抖音的智能算法会捕捉到这些行为，并为用户贴上相应的兴趣标签，且用户的兴趣标签会随着其浏览习惯的变化而动态调整。由于人们的兴趣是多种多样的，每个用户可能拥有多个兴趣标签。平台也会基于用户的兴趣标签，以及其在观看不同类型视频时的时长、互动和点赞等操作，为用户推送更多与之匹配的内容。系统会根据用户的兴趣标签的优先级和活跃程度，为其分配不同数量的推荐视频，确保推送的内容既丰富多样又高度符合用户的兴趣。

在以上三种标签中，内容标签专注于视频内容本身，账号标签则体现了账号的专业领域和整体风格，而兴趣标签则直接关联到用户的个人喜好和浏览行为。这三者之间，内容标签和账号标签可能会相互影响，共同塑造账号的特色和定位。然而，兴趣标签对于内容标签和账号标签并不具备直接的影响，它是独立于账号和内容的，更多是基于观众个体的行为数据进行个性化推荐。

2. 查看账号标签

由于兴趣标签与运营账号无关，因此不需要过分关注它。相比之下，账号标签和内容标签的准确性则直接关系到视频能否精准投放给目标用户。因此，在运营一段时间后，运营者应当积极审视自己的账号是否已经被打上了精准的账号标签。

抖音账号查看标签的方式有以下两种。

（1）通过抖音查看

可以通过在抖音中搜索"创作灵感"的方法，来判断自己的账号是否有正确的内容标签。操作方法如下。

①搜索"创作灵感"，点击官方网站链接，如图4-2-19所示。

②查看推荐的创作话题，如果推荐的话题与创作的内容方向一致，就代表已经打上了相关内容标签，如图4-2-20所示。

图4-2-19 搜索"创作灵感"　　　图4-2-20 "创作灵感"页面

③也可以通过搜索"抖音热点宝"，进入后，在"订阅观测"中切换到"账号观测"，如图 4-2-21 所示，搜索自己的账号，查看是否打上了账号标签，如图 4-2-22 所示。

图 4-2-21　"账号观测"页面

图 4-2-22　查看账号标签

（2）通过第三方工具查看

自己的账号标签是抖音官方后台行为，无法在抖音中直接看到，因此，可以通过第三方工具查看账号标签。此处使用"巨量算数"查看账号标签，其操作步骤如下所示。

①打开巨量算数官网，切换到达人，如图 4-2-23 所示。

②在搜索框中输入账号后点击"搜索"按钮，即可看到账号标签，如图 4-2-24 所示。

图 4-2-23　"巨量算数"搜索页面

图 4-2-24　查看账号标签

3. 手动设置账号标签

对于抖音账号运营而言，若账号经营得很好，并且粉丝数量超过一万，便可在抖音星图商单中手动调整账号标签。不过，值得注意的是，星图贴标签的流程十分严格，它会对账号近 30 个作品进行深入的内容分析，从而精准匹配相应的标签。因此，为了确保账号标签的准确性和有效性，运营者必须高度重视账号内容的垂直度，确保所发布的内容主题明确、领域专注，以满足星图标签匹配的高标准，只有这样，才能充分利用星图商单的功能，为账号带来更大的曝光和粉丝增长。

使用星图商单添加账号标签的操作步骤如下所示，以帮助运营者更好地利用这一功能来优化账号标签。

①在抖音软件中，点击右下角"我"，接着点击右上角的 ▤ 按钮，在选项中选择"抖音创作者中心"，画面如图 4-2-25 所示。

②在"抖音创作者中心"页面中点击"全部"按钮，如图 4-2-26 所示。

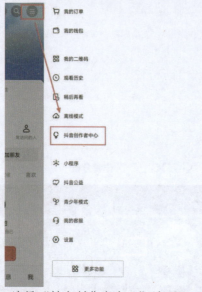

图 4-2-25　选择"抖音创作者中心"选项　　　　图 4-2-26　"抖音创作者"页面

③在弹出的页面中点击"星图商单"按钮，如图 4-2-27 所示。

④在"星图商单"页面中单击"我的"，在常用功能中单击"服务管理"按钮，如图 4-2-28 所示。

图 4-2-27　"工具服务"页面　　　　　　图 4-2-28　"星图商单"页面

⑤在"服务管理"页面中的"短视频服务"选项下面，选择"擅长风格"，如图 4-2-29

所示。若粉丝数量没有达到要求，在"擅长风格"页面中会给出相关提示，如图 4-2-30 所示。

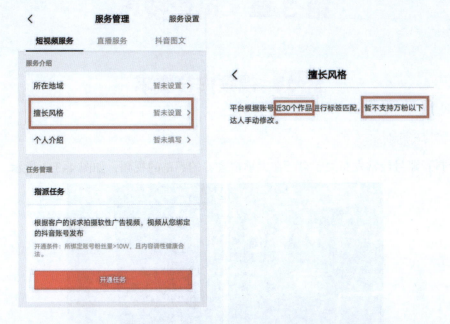

图 4-2-29 "服务管理"页面　　　　图 4-2-30 "擅长风格"页面

第3章　运营技巧

3.1　视频内容要求

☞1. 使用原创内容

某个抖音账号经常发布关于自己在大学宿舍养的鹦鹉的视频，如图 4-3-1 所示。

图 4-3-1　某抖音账号的原创视频

从这个案例可以发现，短视频上热门的第一个要求是，视频必须为个人原创。很多运营者开始创作短视频时，可能会缺少素材内容，建议从以下三个方面着手：

（1）记录日常生活中的趣事；

（2）记录学习某种乐器或者运动的过程等；

（3）记录旅行中的所见所感，将自己对某个瞬间的感悟表达出来。

☞2. 视频内容完整

虽然短视频时长很短，但是要保证视频内容的完整度。视频时长低于 7 秒很难被推荐，适当的视频时长才能保证视频的基本完整度，内容完整才有机会被推荐。如果短视频的内容不完整，则很难获得用户关注。

如图 4-3-2 所示是"某剪辑制作"账号在抖音发布的一个不完整的短视频。正当用户满怀期待地想要知道后边会发生什么时，这个视频就结束了，视频内容的不完整严重影响了用户观看短视频时的心情，致使该视频的点赞量大幅减少。用户将这种每到高燃部分视频就结束了的短视频称为"一剪没"，这种视频的评论区也会有用户发表"一剪没，快跑"的评论，对于那些习惯先看评论的用户来说，当他们看到这种评论时便会立即划走，从而导致视频的播放量流失。

图 4-3-2　不完整视频示例

👉 3. 视频画面干净无水印

抖音中的热门视频不允许包含其他应用的水印，虽然使用其他应用（剪映除外）的贴纸和特效的视频可以发布，但不会被平台推荐，视频也就不可能上热门。如果发现素材有水印，运营者可以利用图片或视频剪辑等软件去除。如图 4-3-3 所示为去水印的微信小程序，运营者可以在小程序中对视频的水印进行消除。

图 4-3-3　去水印小程序

4. 高质量的内容

对于任何一个短视频平台来说,短视频的内容永远都是最重要的。因为只有内容充实丰富,才能吸引用户观看、点赞、评论和转发。想要获得热度,必须要有过硬的作品质量,视频清晰度要高。利用短视频来获得流量是一个漫长的过程,所以运营者要循序渐进地制作出一些高质量的视频,维持与粉丝的亲密度,学习一些热门视频的拍摄手法和选材。

5. 积极参与活动

运营者一定要积极参与平台推出的活动,只要作品质量合格,就可以获得平台推荐。如图 4-3-4 所示为抖音官方推出的活动。

图 4-3-4　抖音平台推出的活动

3.2　提高完播率的四个方法

完播率就是视频的播放完成率,就是指所有看到这个作品的用户中,有多少人是 100% 看完这条视频。例如 100 个人中,有 30 个人看完了这个视频,完播率就是 30%。如果完播率低,说明这个作品没有足够的吸引力可以使用户看到最后。下面介绍四种提高视频完播率的方法。

1. 缩短视频时长

对于抖音而言,视频时间的长短并不是判断视频是否优质的指标,长视频也可能是"注了水"的,而短视频也可能是满满的"干货",所以视频长短对于平台来说没有意义,完播率对平台来说才是比较重要的判断依据。

创作视频时，在能够表现清楚的情节的情况下，10 秒钟能够讲清楚的事情，绝对不要拖到 12 秒，哪怕多一秒钟，完播率数据也可能会有所下降。

抖音刚刚上线时，视频时长最长只有 15 秒，但即使是 15 秒的时间，也成就了许多百万粉丝博主，因此 15 秒其实就是许多视频的最长时长，甚至很多热门视频的时长只有 7~8 秒。

如图 4-3-5 所示，这是一个通过吸引观众玩游戏来获得收益的视频，其时长为 29 秒，力求在短时间内展现出游戏的趣味。

当然对于很多类型的视频而言，如教程类、知识分享类或者影视剪辑类，可能在一分钟之内无法呈现完整的内容，那么对于这类视频来说提升完播率可能会相对困难。但也并非完全没有方法，比如很多视频会在视频的最开始采用口头表

图 4-3-5　关于游戏视频的示例

达的方式告诉用户，在视频的中间及最后会有一些福利赠送给大家，这些福利基本上都是一些可以在网上搜索到的资料，用这个方法可以吸引用户看到视频结尾。

也可以将长视频分割成 2~3 段，在剪映中通过"分割"工具即可实现。当然每一段都要增加前情回顾或未完待续。另一个方法就是在开头时要告诉用户，一共要讲几个点，如果的确是干货，用户就会等着把你的内容全部看完。同时在画面中也可以有数据体现，比如一共要分享 5 个点，就在屏幕上面分成 5 行，然后用数字从 1 写到 5。每讲一个点，就把内容填充到对应的数字后面。

👉 2. 因果倒置

所谓因果倒置，其实就是倒叙，这种表述方法无论是在短视频创作还是大电影的创作过程中都可以见到。在很多电影中，刚开始就是一个非常高燃的情节，比如某个人神秘失踪，然后采取字幕的方式将时间退到几年或一段时间之前，再从头开始讲述这件事情的来龙去脉。在短视频创作时，其实也是

图 4-3-6　视频开头抛出结果

同样的道理。短视频刚开始时首先抛出结果，比如图 4-3-6 所示的"牙膏除了牙齿刷不白其他都能洗干净"，把这个结果表述清楚以后，充分调动粉丝的好奇心，然后再从头讲述。

因此，在创作短视频时，有一句话是"生死 3 秒钟"，也就是说在 3 秒钟之内，如果没有吸引到他的注意力，那么这个用户就会向上或者向下滑屏，跳转到另外一个视频。所以运营者在制作短视频时一定要在 3 秒钟之内把结果呈现出来，或者提出一个问题，比如说，如

图 4-3-7 所示的"钻石为啥卖的时候不值钱？"这就是一个悬疑式的问题，如果用户对这个话题比较感兴趣，就一定会往下继续观看。

3. 合理控制字数

很多用户在观看视频时，并不会只关注视频内容是什么，也会看一下这个视频的标题，从而了解这个视频究竟讲了哪些内容。标题越短，用户阅读标题时所花费的时间就越少，标题如果能合理控制字数，且所制作的视频本身就不长，只有几秒钟时间，那么当用户看完标题后，可能这个视频就已经播完了，采用这种方法也能够大幅度提高完播率，如图 4-3-8 所示。

4. 表现新颖

无论是现在正在听的故事还是看的电影，里面所讲述的内容在其他的故事和电影中都已经发生过了。那么为什么用户还会去听这些故事，看这些电影呢？就是因为他们的内容表现风格是新颖的。

图 4-3-7　3 秒钟提出问题

所以在创作一个短视频时，一定要思考是否能够运用更新鲜的表现手法或者画面创意来提高视频完播率。如图 4-3-9 所示，该视频使用了一种新奇的方式给动物配音，自然会吸引观众进行观看。当然，也不要将注意力完全集中在画面的表现形式上，有时用一个当前火爆的背景音乐也能提高视频的完播率。

图 4-3-8　短时长与长标题结合　　图 4-3-9　新奇的配音方式

3.3　提高评论量的八个技巧

视频的评论量就是指当视频发布以后，有多少用户愿意在评论区进行评论交流。一个视频的评论区越活跃，也就意味着视频可以被更多的人看到，从短视频平台层面来看，这样的视频就是优质视频，因此就会被平台推荐给更多用户。下面分享八种可以提高视频的评论量的方法。

👉1. 表达观点引发讨论

这种方法是指在视频中提出自己的观点，引导用户进行评论。比如可以在视频中这样说："关于某个问题，我的看法是这样子的，不知道大家有没有其他好的做法，欢迎在评论区互动交流。"

在这里要判断自己抛出的观点或者自己准备的那些评论是否能够引起讨论。例如，大家经常争论天赋和努力究竟哪个更重要，那么以此为主题做一期视频，必定会有很多观众进行评论，如图 4-3-10 所示。

图 4-3-10　表达观点引发讨论

又比如，格力空调和美的空调哪一个更好？汽油车和新能源车哪一个更省钱？涡轮增压和机械增压哪一个更好？中医和西医哪个治疗效果更好？究竟是先有鸡还是先有蛋？这些问题关注度很高，本身也没有标准的答案，因此能够引起大家的广泛讨论。

👉2. 在视频中引导评论转发

在视频中引导评论转发即在视频里通过语言或文字引导用户将视频分享给自己的好友观看。如图 4-3-11 是抖音平台上的一个如何拍出显瘦显高照片的评论区，可以看到，大量用

户 @ 自己的好友。而这个视频也因此获得了五百万的点赞和五十五万的转发。

图 4-3-11　引导评论转发

3. 评论区抛出问题

可以在视频评论区内问一个大家感觉有意思的问题，这个问题可以与视频的内容相关，也可以与这个视频无关。如图 4-3-12 所示的视频是一个关于星座的视频，运营者在评论区的问题是"你的上升星座是什么呢？"这个问题与视频中的内容相关，因此得到了非常多的回复。

图 4-3-12　评论区抛出问题

4. 利用神评论引发讨论

自己准备几条神评论，当视频发布一段时间后，利用自己的小号去视频的评论区中发布这些神评论，引导其他用户在这些评论下进行跟帖交流。如图 4-3-13 所示。

图 4-3-13　神评论引发讨论

5. 评论区发"暗号"

即在视频里通过语言或文字引导用户在评论区留下暗号，例如图 4-3-14 所示的视频要求粉丝在评论区留下软件名称"暗号"。图 4-3-15 所示为粉丝在评论区发的"暗号"，使用此方法不仅获得了大量评论，而且还收集了后续可针对性精准营销相关课程的用户信息，可谓一举两得。

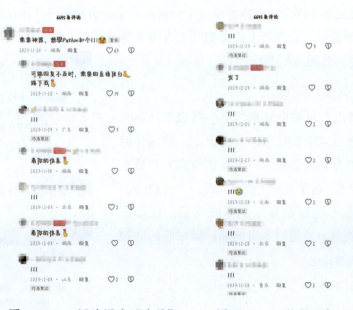

图 4-3-14　评论区发"暗号"　　　　图 4-3-15　粉丝回复"暗号"

6. 评论区发布多条评论

运营者也可以在评论区内发布多条评论,如图4-3-16所示。这种方法有三点好处。第一,自己发布多条评论后,在视频浏览页面,评论数就不再是0,具有吸引用户点击评论区的作用。第二,发布评论时要针对不同的人群进行撰写,以覆盖更广泛的人群。第三,可以在评论区写下在视频中不方便表达的销售或联系信息,如图4-3-17所示。

图 4-3-16　发布多条评论　　　　图 4-3-17　发布视频不方便表达的信息

7. 评论区开玩笑

评论区开玩笑即在评论区故意评论一个错误的言论,引发用户在评论区进行追评。如图4-3-18所示的评论区,运营者发表类似"五万乘五等于五万"的评论,引发了大量评论。

8. 卖个破绽引发评论

另外,也可以在视频中故意留下一些破绽,如故意说错什么或者故意做错什么,从而留下一些用户能够吐槽的点。因为绝大部分用户都喜欢为别人纠错来满足他们的虚荣心,这是证明他们能力的一个好机会。当然,这些破绽不能影响视频主体的质量。比如图4-3-19所示的视频,给笔记本电脑显示器贴膜的问题引起了很多观众的讨论。

图 4-3-18　开玩笑引发评论

图 4-3-19　卖破绽引发评论

3.4 提高点赞量的四个技巧

☞ 1. 认可与鼓励

点赞这种行为，除了为自己收藏那些现在或者以后可能会用到的知识和素材，也是观众对于视频内容的认可与鼓励。如图 4-3-20 所示，具有正向引导性质的视频会引起更多人共鸣从而引发用户点赞和评论。

☞ 2. 设置提醒

运营者在每一个视频的开头或结尾都应该提醒粉丝要关注、评论、点赞和转发，实践证明，有这句话比没有这句话的点赞量和关注率会提高很多。视频中常用的文案是"记得收藏加关注""建议收藏，不然刷着刷着就找不到我了"等，如图 4-3-21 所示。

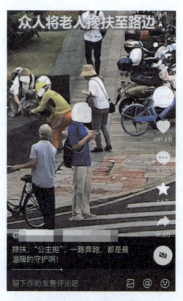

图 4-3-20　正向示例

图 4-3-21　提醒观众收藏关注

☞3. 情感共鸣

还有一种点赞的原因是情感共鸣，无论这个视频表现出来的情绪是积极的还是消极的，只要观看这个视频的用户的心情恰好与视频所呈现的情绪大体相同，那么这个用户自然会去点赞，如图 4-3-22 所示。所以，运营者应该在某个节日或者某个重大事件出现时，发布那些与这些节日、事件气氛和情绪相契合的视频。例如，在春节要发布喜庆的，在清明节要发布阴郁的，在情人节要发布关于爱的，在儿童节要发布活泼欢快的。无论是正面的情绪还是负面的情绪，都是比较好的切入点。

☞4. 吸引用户反复观看

正如前面所说的，点赞这种行为有可能是为了方便自己再次去观看这个视频，此时点赞起到了收藏的作用。那么对用户而言，什么样的视频才值得收藏呢？一定是对用户自己有用的。这类视频往往是干货类，能够告诉用户一些知识，或者一个生活小技巧，能够解决用户已经碰到的问题或者以后可能会遇到的问题。

图 4-3-22　消极情绪示例

比如说一个抖音账号发布的视频都是关于垂钓方面的，如图 4-3-23 所示，他会将自己已经掌握的钓鱼技巧和从这个领域其他创作者那里总结过来的技巧做成一个合集，方便那些需要这些技巧的用户去学习，这个学习的过程可以让用户反复观看视频。要想提高视频的点赞量，发布的视频就要能真正地解决用户可能会遇到的共性问题。所以在创作视频之初，一定要将每一个视频的核心点提炼出来并围绕这个核心来拍视频。也就是说在拍视频之前，自己要明白，这个视频能解决哪些人的什么问题。

图 4-3-23　吸引用户反复观看

3.5　提高转发量的原则

　　任何一个平台的任何自媒体内容，要获得大量传播，用户的转发可以说是非常重要的因素，是获得流量的发动机。例如，对于以文章为主要载体的公众号来说，用户是否会将文章转发给自己的朋友或者朋友圈，是决定这个公众号的文章是否能获得"10 万 +"的关键。对于以视频为载体的抖音平台来说，用户是否在视频评论区 @ 好友来观看，是否将这个视频转发给朋友，会直接决定视频能否获得更多的流量，能否被更多的人看见。

　　提高转发量的原则与提高视频点赞量的技巧类似，只有当用户真正觉得这个视频有用或者搞笑时才会点赞，同时也会将这个视频分享给身边的朋友，试想一下，当用户觉得视频内容很一般没有点赞时，他又怎么可能去分享转发呢？所以通过提升视频的点赞量，转发量也会随之提高。点赞量和转发量是一个相互促进的关系，转发量越高看到这个视频的人也越多，那么点赞量也会越高，如图 4-3-24 所示便是一个很好的例子。

图 4-3-24　转发量和点赞量相互促进

3.6 发布短视频的技巧

☞ 1. @抖音小助手

图 4-3-25 @抖音小助手

"抖音小助手"是抖音官方账号之一，专门负责评选热度较高的短视频。因此，将发布的每一条视频后面都@抖音小助手，可以增加被抖音官方发现的机会，一旦被推荐到官方平台，上热门的概率将会大大提高，如图 4-3-25 所示。即便没有被官方选中，多看看"热点大事件"合集中的内容也可以从大量热点视频中学到一些经验。另外，"抖音小助手"这个官方账号还会不定期地发布一些短视频创作技巧，运营者可以从中学到不少干货。

下面是@抖音小助手的具体操作步骤。

（1）选择自己需要发布的视频后，点击"@朋友"选项，如图 4-3-26 所示。

（2）直接搜索"抖音小助手"，如图 4-3-27 所示。

（3）@抖音小助手成功后，其将以蓝色字体出现在标题栏中，如图 4-3-28 所示。

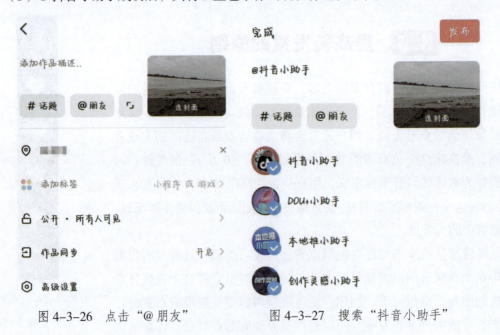

图 4-3-26 点击"@朋友" 图 4-3-27 搜索"抖音小助手"

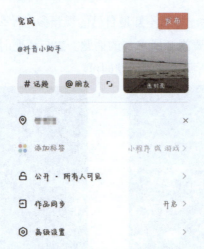

图 4-3-28　以蓝色字体显示在标题栏

☞ 2. "蹭热点"

（1）@抖音官方账号或者热点相关的人

如果为某个视频投放 DOU+，可以在标题中 @DOU+ 小助手，如果视频吸引力够强，还有可能获得额外的流量，如图 4-3-29 所示。当 @ 了一位热点人物时，说明该视频与这位热点人物是有一定的关联的，从而借用热点人物的热度来提高自己视频的流量（俗称"蹭热度"）。

图 4-3-29　@抖音官方账号

（2）参与热点相关的话题

所有视频都会有所属的领域，因此在发布视频时参与相关话题是很有必要的。比如抖音平台上一个翼装飞行的视频，其参与的话题可以是"极限运动""惊险刺激""翼装飞行"等，如图 4-3-30 所示；而一个户外探索的视频的抖音账号，其参与的话题可以是"户外探险""敬畏自然"等，如图4-3-31所示。如果不知道自己的视频参与什么话题能够吸引更多的流量，可以参考同一个领域的其他高赞视频所参与的话题。参与话题时，只需要在标题撰写界面点击"#话题"选项，然后输入所要参与的话题即可。

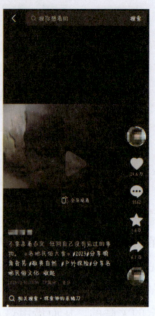

图4-3-30　翼装飞行　　　　图4-3-31　户外探险

（3）找到最佳的视频发布时间

①黄金发布时间

公认的黄金发布时间可以用四个字总结：四点两天。

四点：周一到周五的四个时间点。

早上7~9点：这个时间点大多数人刚睡醒，基本上都会打开手机刷刷抖音，或者在去上班的路上无聊，刷一会儿抖音打发时间。

中午12~13点：工作或者学习忙碌了一上午，终于可以停下来休息一下，趁着吃饭的时间刷刷抖音放松一下，看看喜欢的博主更新视频了没有。

下午16~18点：这个时间点，主要针对白领，当天的工作处理得差不多了，有时间"摸鱼"偷偷刷一下抖音等待下班。

晚上21点左右：在这个时间点，下课的学生或者下班的打工人也都吃完饭、洗完澡了，这时候躺到床上拿出手机刷刷抖音极为舒适。

两天：周六和周日。

现在的人都比较"宅"，工作日学习或者工作，到了周末一个人待在家里，他们就有很充足的时间去看看电影、电视剧，或者玩游戏、刷抖音。

四点两天，可以说几乎囊括了极大部分用户停留在抖音的峰值区间，也是公认的抖音黄金发布时间。

②最佳发布时间

选择固定的时间点发布。很多运营者其实不关心所谓的最好或者最佳时间，他们会选择一个固定的时间点。一方面是培养粉丝的忠诚度，只要内容符合粉丝的胃口，每天这个固定的时间点他们就会准时点开主页去看更新的视频；另一方面就是变相的告知自己的粉丝，我都是在这个固定的时间点来发布作品，想要第一时间观看的要提前做好准备。

错峰发布。现在很多抖音账号会把发布时间集中在下午 4 点到晚上 8 点之间，因为下午 4 点一直到凌晨，一直都是用户活跃度更高，放松娱乐需求更集中的一个时间。在这个时间发布的优质内容，能够即时得到精准标签用户的反馈，上热门的机会就更大。但恰恰也是因为这个原因，容易造成大量新内容的扎堆。

我们知道抖音活跃用户是存在上限的，比如说推荐量 1000 万，同一个时间点有 10 个作品被系统推荐与同一个时间点有 100 个作品被推荐，明显前者获得的曝光会更多，所以很多运营者会选择错峰时间发布，提前或者延迟一个小时或者半个小时，在同一时间点发布作品量不多的时候，让自己的作品能够更有机会获得更高的流量。

（4）视频定位技巧

发布视频时选择添加位置有两点优势。第一，如果运营者本身也在开实体店，那么可以通过定位为线下的实体店引流，并增加同城频道的曝光机会。第二，将位置定位到粉丝较多的地区，可以提高粉丝看到该视频的概率。例如，通过后台分析发现自己的粉丝多为四川省的粉丝，在发布视频时，可以将视频定位到四川省某一个城市的某一个商业热点区域。

在手机端发布抖音视频时，可以直接在系统推荐的位置中选择一个进行定位，如图 4-3-32 所示，也可以在"你在哪里"选项内直接搜索需要定位的位置。

图 4-3-32　给视频添加定位

（5）是否开启保存选项

如果没有特殊的原因，不建议关闭"允许他人保存视频"选项，因为视频下载量也是衡量视频是否优质的一个重要参考指标。在手机端发布视频时需要点击"高级设置"，在弹出的窗口中找到"允许下载"选项，如图4-3-33所示，如果需要可以自行关闭"允许下载"选项。

图4-3-33 "允许下载"选项

☞3. 发视频时的同步技巧

如果已经开通了今日头条与西瓜视频账号，可以在抖音发布时将视频同步到这两个平台上，从而使一个视频能够吸引到更多的流量。此外，如果发布的是横屏的视频且时长超过一分钟，那么在发布视频时将视频同步到这两个平台，还可以获得额外的流量收益。在手机端发布视频时，可以在"高级设置"选项中开启"同步至今日头条和西瓜视频"开关，如图4-3-34所示。

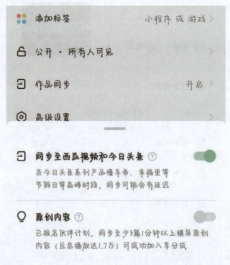

图4-3-34 同步至今日头条和西瓜视频

3.7 数据分析与账号运营策略优化

可以通过抖音官方后台查看自己账号的详细数据，从而对目前视频内容的浏览效果及目标受众有一定的了解。同时还可以对账号进行管理，并通过官方课程提高运营水平。

1. 抖音后台登录

（1）在浏览器中搜索"抖音"，点击之后即可进入抖音官网，如图 4-3-35 所示。

抖音
https://www.douyin.com/discover

抖音-记录美好生活
网页 抖音让每一个人看见并连接更大的世界，鼓励表达、沟通和记录，激发创造，丰富人们的精神世界，让现实生活更美好。抖音-记录美好生活 Mozilla/5.0 AppleWebKit/537.36 …

直播
抖音直播电脑版 抖音直播网页版入口 抖音直播 … Please wait...

抖音短视频
抖音短视频，一个旨在帮助大众用户表达自我，记录美好生活的短视频分享平台。…

验证码中间页
验证码中间页 - 抖音-记录美好生活

朋友
抖音让每一个人看见并连接更大的世界，鼓励表达、沟通和记录，激发创造，丰富…

抖音创作服务平台
抖音创作服务平台. 帮助中心. 在线客服. 创作者登录后，可授权其他机构代理运营 …

创作者服务
抖音创作服务平台是抖音创作者的专属服务平台，支持用户作为创作者和管理机构 …

热点
抖音热榜. 抖音热点榜 - 抖音热门视频内容实时更新，来抖音，追热点！. 抖音-记录 …

图 4-3-35　抖音官网

（2）点击右上方"投稿"下拉列表里的"创作者中心"选项，如图 4-3-36 所示。

图 4-3-36　抖音创作者中心

（3）登录个人账号后，即可直接进入个人的抖音官方后台。默认打开的界面为后台"首页"，通过左侧的选项栏即可选择各个项目进行查看。

2. 账号数据分析

（1）了解昨日数据

在"首页"中的"数据中心"一栏，可以查看昨日视频的相关数据，包括播放量、主页访问量、作品分享、作品评论。通过这些数据，可以快速了解昨日所发布视频的质量。如果昨日没有新发布视频，则可以了解已发布视频带来的持续播放量与粉丝转化等情况。

（2）账号诊断

如图4-3-37所示，点击"数据中心"右侧"查看更多"按钮，可以显示账号诊断的界面。从这里可以看到抖音官方给出的，基于运营者最近7天上传的视频所得到的数据的分析诊断报告及提升建议。可以根据抖音平台归纳的数据和提出的建议去合理地优化视频。

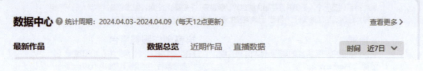

图4-3-37　点击"查看更多"按钮

（3）分析播放数据

在"数据表现"模块，可以按昨天、近7天和近30天为周期，查看账号的整体播放数据。如果视频播放量曲线整体呈上升趋势，证明目前视频内容及形式符合部分观众的需求，保持这种状态即可。如果视频播放量曲线整体呈下降趋势，则说明视频内容对观众的吸引力不大，则需要学习相关领域头部账号的视频创作方式，并在此基础上增加自己原创的元素。如果视频播放量没有下降但是也并没有突破，运营者则需要寻找其他的视频表现形式。

3. 运营策略优化

在抖音的内容创作中，视频标题和封面设计是非常重要的。通过抖音后台数据分析，可以了解到用户对不同标题和封面的好感度，从而优化视频的标题和封面设计。比如，如果发现用户对某种类型的标题和封面比较感兴趣，那么可以在创作过程中更加注重这方面的设计，以吸引更多的用户点击和观看。

此外，通过抖音后台数据分析还可以了解到用户对不同音乐的喜好程度。可以根据用户的兴趣，选择适合的音乐作为背景音乐，以实现更好的用户体验。

第 4 章　账号引流

4.1　了解算法

要想成为短视频平台上的"头部大 V"，运营者首先要想办法给自己的账号或内容注入流量，让作品火爆起来，这是成为达人的一条捷径。如果运营者没有一夜走红的好运气，就需要一步步脚踏实地地做好自己的视频内容。当然，这其中也有很多运营技巧，能够帮助运营者提升短视频的流量和账号的关注量，平台的算法机制就是一个极其重要的环节。目前，大部分的短视频平台都是采用去中心化的流量分配逻辑，本节将以抖音平台为例，介绍短视频的推荐算法机制，让短视频获得更多平台流量，轻松上热门。

👉1. 什么是算法机制

简单来说，算法机制就像是一套评判规则，这个规则作用于平台上的所有用户（包括运营者和用户），用户在平台上的所有行为都会被系统记录，同时系统会根据这些行为来判断用户的性质，将用户分为优质用户、流失用户、潜在用户等类型。例如，某个运营者在平台上发布了一个短视频，此时算法机制就会考量这个短视频的各项数据指标，从而判断短视频内容的优劣。如果算法机制判断该短视频为优质内容，则会继续在平台上对其进行推荐，否则就不会再提供流量扶持。

如果运营者想知道抖音平台上当下的流行趋势是什么，平台最喜欢推荐哪种类型的视频，此时，可以注册一个新的抖音账号，然后记录前 20 条刷到的视频内容，每个视频都看完，这样算法机制无法判断运营者的喜好，因此会给运营者推荐当前平台上最受欢迎的短视频内容。

因此，运营者可以根据平台的算法机制来调整自己的内容细节，让自己的内容能够最大化地迎合平台的算法机制，从而获得更多流量。

👉2. 抖音的算法机制

抖音通过智能化的算法机制来分析运营者发布的内容和观众的行为，如浏览、点赞、评论、转发和关注等，从而了解每个人的兴趣，并给内容和账号打上对应的标签，从而实现彼此的精准匹配与推送。

在这种算法机制下，好的内容能够获得观众的关注，也就是获得精准的流量；观众则可以看到自己想要看的内容，从而持续在这个平台上停留；同时，平台则获得了更多的"老用户"。

运营者发布到抖音平台上的短视频内容需要经过逐级审核，才能被广大用户看到，其主要算法逻辑分为以下三部分。

（1）智能分发。根据平台给用户账号打上的标签，以及运营者的位置定位和关注人群，来智能推荐视频。

（2）叠加推荐。如果发布的视频刚开始获得的流量数据表现好，如完播率高或者点赞量高，则算法机制会认为该视频受欢迎，从而继续增加流量，将视频持续叠加推荐给更多的人。

（3）热度加权。在经过多次叠加推荐流量后，视频的完播率、评论量、点赞量和转发量都很高，说明视频内容经受住了用户的检验，通过大数据算法的层层热度加权后，该视频会进入平台的推荐内容池，成为爆款短视频。

3. 信息流漏斗算法

抖音的推荐算法机制是著名的信息流漏斗算法，这也是今日头条的核心算法。运营者发布视频后，抖音会将同一时间发布的所有视频放到一个池子里，给予一定的基础推荐流量，然后根据这些流量的反馈情况进行数据筛选，选出分数较高的内容，将其放到下一个流量池中，而对于数据较差的内容，系统暂时就不会再推荐了。具体的推荐流程如下。

（1）冷启动。当运营者发布的视频通过审核后，系统将会给这些视频分配一个初始流量池：200~300 名在线用户（也可能有上千个曝光）。

（2）数据加权。抖音平台会根据这 1000 次曝光所产出的数据（比如完播率、点赞、关注、评论和转发等），结合运营者的账号分值来分析是否给予加权，进而决定是否进行第二轮推荐及推荐力度。播放量会对短视频数据造成影响，以及对短视频做出是否要加权的判断，比如平台会挑选前 10% 的视频，再增加 1 万次曝光。因此，如果运营者想让自己的视频火起来，那么就应该提高完播率、点赞率、评论率和转发率。

（3）精品推荐池。通过多次数据筛选，最终那些点赞量、完播率、评论量等数据极高的优质内容即可进入平台的精品推荐池，推送给更多观众，快速提升曝光，成为爆款作品。

4.2　常用的引流技巧

1. 广告引流

广告引流是指在短视频中直接进行产品或品牌展示。针对不同类型的产品或品牌，运营者可以采取不同的展示方法。例如，对于电子类的产品广告，运营者可以收集并整理品牌方或用户提供的上手效果图，制作成前后效果对比视频，这样做更能突显产品的功能，增加产品的可信度。以华为的抖音官方账号为例，该账号打造了各种原创类高清短视频，结合产品自身的优势功能特点来推广产品，吸引用户关注，如图 4-4-1 所示。

图 4-4-1　广告引流

👉 2. 种草视频引流

种草是一个网络流行语，表示分享推荐某一个商品，从而激发用户购买欲望的行为。随着短视频的爆火，带货能力更好的种草视频也开始在各大新媒体和电商平台中流行起来，为产品带来巨大的流量。相对于图文内容来说，短视频可以使产品种草的效率大幅提升。因此，种草视频有着独一无二的引流和带货优势，可以让消费者的购物欲望变得更加强烈，其主要优势有以下三点：

（1）能够将产品的外观、品质等卖点直观地展示出来。

（2）最直接地展现产品的使用效果，使用户产生购买欲望。

（3）通过用户的真实反馈，真切地传递产品真实的使用感受。

如图 4-4-2 所示为抖音平台上发布的种草视频。

图 4-4-2　抖音种草视频

👉 3.DOU+ 引流

如今，各大短视频平台针对有引流需求的用户都提供了付费工具，如抖音的"DOU+ 上热门"、快手的"上热门"等。"DOU+ 上热门"是一款视频"加热"工具，可以实现将视频推荐给更多的用户，提升视频的播放量与互动量，以及提升视频中带货产品的点击率等。

运营者可以在抖音上打开需要引流的短视频，点击带有箭头标识的"分享"按钮，在打开的"分享给朋友"菜单中点击"上热门"按钮，如图4-4-3所示。执行操作后，即可进入"DOU+上热门"界面。另外，运营者还可以在抖音的创作者中心的功能列表中点击"上热门"按钮，同样也可以进入"DOU+上热门"界面，如图4-4-4所示。在"DOU+上热门"界面中运营者可以选择具体的推广目标，如获得点赞评论量、粉丝量或主页浏览量等，不同的金额的套餐预计提升的播放量也不同，运营者可以根据自身情况合理投放DOU+。投放DOU+的视频必须是原创，无营销属性，且没有其他软件的水印。

图4-4-3　点击"上热门"　　　　图4-4-4　"DOU+上热门"界面

4. 矩阵引流

矩阵引流是指通过同时运营不同的账号，来打造一个稳定的粉丝流量池。打造矩阵需要运营团队的支持，至少要配置2名主播、1名拍摄人员、1名后期剪辑人员和1名推广营销人员，从而保证多账号矩阵的顺利运营。

矩阵引流有很多优势。首先可以全方位地展现品牌的特点，扩大影响力；其次可以形成链式传播来进行内部引流，大幅度提升粉丝数量。

账号矩阵可以最大限度地降低单账号运营风险，这与投资理财强调的"不把鸡蛋放在同一个篮子里"的道理如出一辙。多账号同时运营，无论是在做活动还是在引流涨粉方面都可以达到很好的效果。但是在打造账号矩阵时，还有以下三个需要注意的地方：

（1）注意账号的行为，必须遵守平台规则。

（2）一个账号只能有一个定位，每个账号都有相应的目标人群。

（3）内容不要跨界，简短精致的内容是主流形式。

这里再次强调，其中最重要的一点是账号矩阵中各个子账号的定位一定要精准，每个子账号的定位不能过高或者过低，更不能错位，既要保证主账号的发展，也要让子账号能够得到很好的成长。

5. 线下引流

短视频的引流是多方向的，既可以从平台的公域流量池或者跨平台引流到账号本身，也可以将自己的私域流量引导至其他的线上平台。尤其是本地化的短视频账号，还可以通过短视频给自己的线下实体店铺引流。例如，用抖音给线下店铺引流的最佳方式就是开通企业号，并利用"认领 POI 地址"功能，在 POI（Point Of Interest，兴趣点）地址页展示店铺的基本信息，实现线上到线下的流量转化。

当然，要想成功引流，运营者还必须持续输出优质的内容，保证稳定的更新频率并多与用户互动，打造好自身的产品，做到这些才可以为店铺带来长期的流量。

6. SEO 引流

SEO（Search Engine Optimization，搜索引擎优化），它是指通过对内容的优化获得更多流量，从而实现自身的营销目标。但 SEO 不只是搜索引擎独有的运营策略。短视频平台同样可以进行 SEO 优化。例如，运营者可以通过对短视频的内容运营，实现内容"霸屏"，从而使相关内容获得快速传播。短视频 SEO 优化的关键就在于视频关键词的选择。

在添加关键词之前，运营者可以通过查看朋友圈动态和微博热点等方式，提取近期视频中出现的高频词汇，将其作为关键词置入抖音短视频中。需要注意的是，运营者统计出关键词后，还需要了解关键词的来源和含义，只有这样才能恰当运用。

除了选择高频词汇，运营者还可以通过在账号主页的介绍信息和短视频文案中增加关键词使用频率的方式，使视频内容尽可能地与自身品牌建立起联系，为自己的品牌塑形。

4.3　平台引流

除利用短视频平台为账号引流外，运营者还可以利用其他平台为短视频账号引流。本节介绍利用分享机制、音乐平台和百度平台引流的方法。

1. 分享机制

短视频平台一般都有"分享"功能，方便运营者或用户对短视频进行分享，扩大视频的传播范围。运营者可以将短视频分享给更多的用户群体，则可以获取更多的播放量和黏性更高的粉丝。因此，运营者需要注意短视频平台的分享机制，确保分享的短视频可以发挥出其最大限度的作用。

例如，抖音的内容分享机制进行了重大调整，拥有更好的跨平台引流能力。调整之前用户想要将抖音短视频分享到微信和 QQ 只能通过链接的形式。调整分享机制后，将作品分享到朋友圈、微信好友、QQ 空间和 QQ 好友时，抖音会自动下载视频。下载完成后，用户可以选择将视频发送到相应的平台。用户只需点击相应按钮，即可自动跳转到相应平台上，选择好友发送视频即可实现视频的转发。

抖音分享机制的改变，无疑是对微信分享限制的一种突破，对运营者的跨平台引流和抖音自身的发展都起到了积极推动作用，具体可以分为以下三点：

（1）改善用户体验。自从抖音直接分享到微信上的视频链接无法直接观看后，烦琐的操作过程令许多用户表现出不适应。分享机制改变后，更方便用户与朋友之间的分享，朋友也更愿意观看被分享的视频，这使得视频可以被更多的人看到。

（2）对广告业务形成趋势性影响。抖音平台上有广告标识的视频，也可以通过分享机制以小视频的方式分享给其他用户，帮助品牌扩大影响力。

（3）加深抖音影响力。目前的微信朋友圈和微信群被众多电商小程序占据，有趣的抖音视频在这时与之形成鲜明的对比，吸引更多用户使用抖音。

👉 2. 音乐平台

短视频与音乐的关系密不可分，因此运营者可以借助各种音乐平台进行引流，常用的有酷狗音乐、网易云音乐和蜻蜓 FM 等音乐平台。音乐和音频的一个共同点是：依靠听觉传达信息。也正是因为如此，音乐和音频平台始终都有一定的受众群体。而对于短视频运营者来说，如果将这些受众群体从音乐和音频平台引流到短视频账号中，便能实现粉丝的快速增长。

（1）酷狗音乐

酷狗音乐是国内比较具有影响力的音乐平台之一，也是许多用户装机必备的软件。酷狗音乐"排行榜"中设置了"抖音热歌榜"，其中展示有许多抖音的热门歌曲，如图 4-4-5 所示。

图 4-4-5　酷狗音乐"抖音热歌榜"

因此，对于那些具有音乐创作能力的短视频运营者来说，只要发布自己的原创作品，且作品在抖音上的播放量比较高时，就有可能在"抖音热歌榜"中占据靠前的排名。当酷狗音乐的用户听到这首歌，恰巧又符合自己的胃口时，就有可能去搜索运营者的抖音账号，为运营者带来流量。

而对于大多数普通运营者来说，虽然自身没有独立创作音乐的能力，但也可以将进入"抖音热歌榜"的歌曲作为短视频的背景音乐。因为酷狗音乐用户在听到"抖音热歌榜"中的歌曲后，可能会去短视频平台上搜索相关的内容。如果运营者的短视频将对应的歌曲作为背景音乐，便可能出现在这些酷狗音乐用户的搜索结果中。这样一来，运营者便可借助背景音乐获得一定的流量。

（2）网易云音乐

网易云音乐是一个专注于发现与分享的音乐平台，依托专业音乐人、DJ（Disc Jockey，打碟工作者）、好友推荐及社交功能，为用户打造全新的音乐生活。网易云音乐的目标受众是一群具有一定音乐素养、较高教育水平、较高收入水平的年轻人，与短视频的目标受众重合度非常高。因此，网易云音乐成了短视频引流的主流音乐平台之一。

运营者可以利用网易云音乐的音乐社区和评论功能，对短视频账号进行宣传推广。例如，运营者可以在歌曲的评论区进行评论，并附上自己的短视频账号信息。需要注意的是运营者的评论一定要与歌曲相关，并且能引起用户的共鸣，这样才能成功引流。

（3）蜻蜓 FM

在蜻蜓 FM 平台上，用户可以直接在搜索栏中搜索自己喜欢的音频节目。运营者只需根据自身内容，选择相关的热门关键词作为标题便可将内容传播给目标用户。如图 4-4-6 所示为在"蜻蜓 FM"平台搜索"抖音"后出现的搜索结果。

图 4-4-6　"蜻蜓 FM"平台搜索"抖音"

对于短视频运营者来说，利用音频平台对自己的账号和短视频进行宣传，是一种很好的营销思路。音频营销是一种新兴的营销方式，它主要以音频内容为传播载体，通过音频节目运营品牌、推广产品。音频营销的特点具体如下。

①闭屏特点。能够将信息更有效地传递给用户，这对品牌和产品推广营销而言更有价值。

②伴随特点。相比于视频、文字等载体而言，音频具有独特的伴随属性，只需收听即可，无须占用视觉。

短视频运营者应该充分利用用户的需求，通过音频平台来发布有关产品信息的广告，音频广告的营销效果要比其他形式的广告更好，而且对于听众群体的广告投放更为精准。另外，音频广告的运营成本相对较低，所以十分适合本地中小企业长期推广。

3. 百度推广

作为用户经常使用的搜索引擎之一，百度毫无悬念地成为互联网 PC 端强劲的流量入口。具体来说，短视频运营者可以借助百度百科、百度知道和百家号这三个平台实现百度推广引流。

（1）百度百科

百科词条是百科营销的主要载体，做好百科词条的编辑对于短视频运营者来说尤其重要。百科平台的词条信息分为很多种，但对于短视频运营者引流推广而言，主要的词条形式包括以下四种。

①产品百科。产品百科是消费者了解产品信息的重要渠道，能够宣传产品，促进产品使用和激发消费行为等。

②特色百科。特色百科涉及的领域十分广泛，例如，名人可以参与自己相关词条的编辑。

③行业百科。短视频运营者可以以行业从业者的身份，参与行业词条信息的编辑，为想要了解行业信息的用户提供相关专业知识。

④企业百科。可以通过百科对短视频运营者所在企业的品牌形象进行表述。

短视频运营者在编辑百科词条时需要注意，百科词条是客观内容的集合，只站在第三方立场，以事实说话，描述事物时以事实为依据，不加入个人感情色彩，没有过于主观的评价式言论。

对于运营者引流推广而言，企业百科无疑是相对比较合适的词条形式。如图 4-4-7 所示为百度百科中关于"XIAOMI SU7"的相关内容，采用的便是企业百科的形式。

图 4-4-7 "XIAOMI SU7"的百度百科

（2）百度知道

百度知道在网络营销方面，具有很好的信息传播和推广作用，利用百度知道平台问答的社交形式，短视频运营者可以快速、精准地定位客户。基于百度知道产生的问答营销，是一种新型的互联网互动营销方式，问答营销既能为短视频运营者植入软广告，同时也能通过问答来挖掘潜在用户。如图 4-4-8 所示为"戴尔电脑"的相关问答信息。

图 4-4-8　百度知道中"戴尔电脑"的相关问答信息

这个问答信息中，详细介绍了戴尔电脑各个系列的优点以及不同系列所适用的人群。当部分用户看到该问答之后，会对戴尔这个品牌产生兴趣，这无形之中为该品牌带来了一定的流量。百度知道在营销推广上具有两大优势，即精准度高和可信度高。这两种优势能够形成口碑效应，增强网络营销推广的效果。

（3）百家号

短视频运营者入驻百家号平台后，可以在该平台上发布文章，平台会根据文章阅读量为运营者结算费用，与此同时百家号还以百度新闻的流量资源为支撑，能够帮助运营者进行文章推广、扩大流量。

除了对品牌和产品进行宣传，短视频运营者在引流的同时，还可以通过发布内容，从百家号上获得一定的收益。总体来说，百家号的收益主要来自以下三个渠道：

①广告分成。运营者发布的内容有了有效的阅读量后，平台给运营者的广告费用分成。

②平台补贴。包括文章保底补贴、"百＋计划"和百万年薪作者的奖励补贴。

③内容电商。就是在百家号平台发布作品（在图文、视频、直播、动态、橱窗区发布都可以）的时候带货，置入电商链接。用户点击链接下单，运营者就能够获得一定比例的分成。

4.4 微信引流

当运营者在短视频平台上通过拍摄短视频获得大量粉丝后，即可把这些粉丝引入微信，通过微信来引流，将短视频平台上的流量沉淀到私域流量池，获取源源不断的精准流量，降低流量获取成本，以实现粉丝效益的最大化。运营者都希望能够长期获得精准的私域流量，因此必须不断积累，并不断地导流和转化，这样才能更好地实现变现。但是微信导流的前提是把短视频的内容做好，只有好的视频内容才能吸引粉丝观看、点赞和转发。本节介绍从短视频平台向微信导流的五种常用方法。

☞1. 设置账号简介

短视频账号的简介设置可以参考"描述账号 + 引导关注"的原则，基本设置技巧如下。前半句可以描述账号特点，后半句引导用户关注微信，一定要明确出现关键词"关注"；如果账号简介分为多行，一定要在多行文字的视觉中心出现"关注"两个字，让用户点进主页的第一眼就能看到。

在账号简介中展现微信号是目前最常用的导流方法，修改起来也非常方便快捷。但是不要在其中直接标注"微信"，可以用拼音简写、同音字或其他相关符号来代替，如图 4-4-9 所示是抖音账号个人简介中微信引流的示例。用户的原创短视频的播放量越大，曝光率越高，引流的效果也就越好。

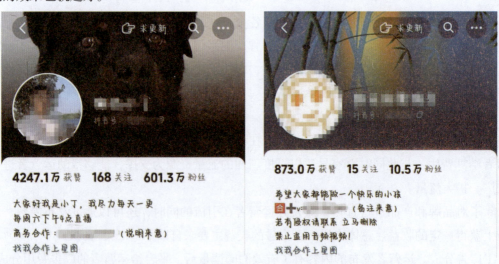

图 4-4-9 账号简介内进行引流

☞2. 视频内容展现

运营者可以在短视频内容中展示出微信号，也可以由运营者口述，还可以通过背景图展现出来，只要这个视频获得流量，其中的微信号也会得到大量的曝光。需要注意的是不要直接在视频上添加水印，这样不仅影响粉丝的观看体验，而且可能会无法通过审核，甚至有被平台封号的风险。

3. 用账号 ID 引流

抖音平台的创作者可以按照规则修改自己的账号 ID，但是每个账号半年内只允许修改一次。账号的 ID 无法重复，所以运营者可以将抖音号直接修改为自己常用的微信号，并在个人简介中说明微信账号与抖音账号相同，这样方便用户去微信搜索并添加运营者的微信。

不过这种方法有一个非常明显的弊端，即运营者的微信号可能会存在好友数量达到上限的情况，无法继续进行引流。因此建议运营者将抖音号设置为公众号，可以有效避免这个问题。

4. 设置背景图片

在抖音平台中，个人账号主页的背景图片的展示面积比较大，更容易被用户看到，因此在背景图片中设置微信号的引流效果也非常明显，如图 4-4-10 所示。

图 4-4-10　在背景图中添加微信号

5. 利用小号引流

运营者可以创建多个小号，将它们当作引导号，然后用大号去关注这些小号，通过大号来给小号引流。另外，运营者也可以在大号个人简介中标明小号的抖音号，来为小号引流。

很多运营者是由公众号或其他自媒体平台转型而来，可能不适应短视频平台的运作方式，需要将短视频平台的流量引导到自己熟悉的领域。但是各个短视频平台都会采取限流甚至封号的处罚限制这种向其他平台引流的行为。而运营者的大号需要借用这些小号来为微信或者公众号引流，虽然操作麻烦，但是能规避很多风险。

第5章 账号变现

5.1 广告变现

广告变现是目前短视频领域最常用的商业变现模式，一般按照粉丝数量或者浏览量来进行结算。本节主要以抖音平台为例，介绍各种广告变现的渠道和方法，让短视频的盈利变得更简单。

☞1. 流量广告变现

流量广告是指将短视频流量通过广告手段实现现金收益的一种商业变现模式。流量广告变现的关键在于流量，而流量的关键在于引流。在短视频平台上，流量广告变现模式是指在原生短视频内容的基础上，平台会利用算法模型来精准匹配与内容相关的广告。

流量广告变现适合拥有大流量的短视频账号，这些账号不仅拥有足够多的粉丝关注，而且他们发布的短视频也能够吸引大量观众观看、点赞和转发。例如，由抖音、今日头条和西瓜视频联合推出的"中视频计划"就是一种流量广告变现模式，运营者在申请加入"中视频计划"之后只需在该平台上发布时长不低于1分钟的横版视频，即可有机会获得收益，如图4-5-1所示。简而言之，只要发布的视频有播放量，运营者就能赚到钱。

图4-5-1 "中视频计划"介绍

以抖音平台中的流量广告为例，具体可分为信息流广告和抖音挑战赛这两种形式。

（1）信息流广告。广告的展现渠道为抖音信息流内容，竖屏和全屏的展现样式更为原生态，可以为用户带来更好的视觉体验，同时通过账号关联来强势聚集粉丝。信息流广告不仅支持分享转发，还支持多种广告样式和效果优化方式。

（2）抖音挑战赛。广告的展现渠道为抖音挑战赛形式。通过挑战赛话题的圈层传播，吸引更多用户参与，并将用户引导至线上或线下店铺，形成流量转化。

2. 星图接单变现

巨量星图是抖音为达人和品牌提供的一个内容交易平台，品牌可以通过发布任务达到营销推广的目的，达人则可以在平台上参与星图任务或承接品牌方的任务实现变现。如图 4-5-2 所示为巨量星图的登录界面。

图 4-5-2　巨量星图的登录界面

巨量星图为品牌方寻找合作达人提供了更精准的途径，为达人提供了稳定的变现渠道，为抖音、今日头条、西瓜视频等短视频平台提供了富有新意的广告内容，在品牌方、达人和各个传播平台等方面都发挥了一定的作用。

（1）品牌方：品牌方在巨量星图平台中可以通过一系列榜单更快地找到符合营销目标的达人。此外，平台提供的组件功能、数据分析、审核制度和交易保障等，可以帮助品牌方在降低营销成本的同时，获得更好的营销效果。

（2）达人：达人可以在巨量星图平台上获得更多的优质商单机会，从而获得更多的变现收益。此外，达人还可以签约 MCN（Multi-Channel Network，多频道网络）机构，获得专业化的管理和规划。

（3）短视频平台：对于抖音、今日头条、西瓜视频等各大短视频平台来说，巨量星图可以提升平台的商业价值，规范和优化广告内容，避免低质量广告影响用户的观感。

在巨量星图中，不同平台的达人可以接取任务的类型也不相同，只要达人的账号达到相应平台的入驻和开通任务的条件，并开通接单权限后，就可以接取该平台的任务，如图 4-5-3 所示是抖音移动端巨量星图的任务界面。

达人完成任务后，可以进入巨量星图的"我的"页面，在这里可以直接看到账号通过做任务获得的收益情况，如图4-5-4所示。在这里可以看到通过接取任务获得的总金额和剩余可提现金额，还可以看到各个任务的进度情况。

图4-5-3 抖音移动端巨量星图任务界面　　图4-5-4 巨量星图中"我的"页面

3. 全民任务变现

以抖音平台为例，全民任务是所有抖音用户都能参与的任务。具体来说，全民任务就是广告方在抖音上发布广告任务后，用户根据任务要求拍摄并发布视频，从而有机会得到现金或流量奖励。

用户可以在"全民任务"活动界面中查看自己可以参加的任务，如图4-5-5所示。选择相应任务即可进入"任务详情"界面，查看任务的相关玩法和精选视频，如图4-5-6所示。

图4-5-5 "全民任务"活动页面　图4-5-6 "任务玩法"页面

全民任务功能的推出，为广告方、短视频平台和创作者都带来了不同程度的好处。

（1）广告方：全民任务可以提高品牌的知名度，扩大品牌的影响力，创新的广告内容不仅能获得达人的好感，同时也能达到营销宣传和大众口碑双赢的目的。

（2）短视频平台：全民任务不仅可以激发平台用户的创作激情，提高用户的活跃度，还可以提升平台的商业价值，丰富平台的内容。

（3）创作者：全民任务为创作者提供了一种新的变现渠道，没有粉丝数量门槛，没有视频数量要求，也不要求拍摄技术，只要创作者发布的视频符合任务要求，就有机会瓜分到任务奖励。创作者参与全民任务的最大目的是获得任务奖励，那么怎样才能获得收益甚至获得较高的收益呢？

以拍摄任务为例，一方面，创作者要确保投稿的视频符合任务要求，计入任务完成次数，这样才算完成任务，才有机会获得任务奖励。另一方面，全民任务的奖励是根据投稿视频的内容质量、获利播放和有效互动来分配的，也就是说视频的内容质量、获利播放和有效互动越高，瓜分到的奖励就越多。

5.2　视频创作变现

视频创作变现是创作者精心打造短视频内容，并让内容通过特定渠道产生商业价值。本节主要以抖音移动端为例，介绍短视频的视频创作变现渠道和相关技巧。

☞1. 流量分成变现

参与平台任务获取流量分成，是内容营销领域较为常用的变现模式之一。例如，抖音平台推出的"站外播放激励计划"就是一种流量分成的内容变现形式，不仅为创作者提供站外展示作品的机会，而且还帮助他们增加变现渠道，获得更多收入。

"站外播放激励计划"有以下两种参与方式。

（1）进入抖音的抖音创作者中心，点击"全部"按钮进入"工具服务"界面，点击"站外播放"按钮，如图 4-5-7 所示，即可进入"站外播放激励计划"页面。

（2）粉丝数量 1000 以上的个人账号将收到站内信邀请，创作者可以通过点击站内信直接进入站外播放激励计划页面，点击"加入站外播放激励计划"按钮申请加入即可。

创作者成功加入"站外播放激励计划"后，抖音平台可将创作者发布的作品，授权第三方平台进一步商业化使用，并向创作者支付一定的报酬，从而帮助创作者进一步提高作品的曝光量，提升创作收益。

图 4-5-7　"站外播放"申请入口

☞2. 视频赞赏变现

在短视频平台上，创作者可通过发布优质内容来获得观众的赞赏，是观众激励、支持视频创作者的一种方式，开启赞赏功能的视频创作者，有机会获得赞赏收益。赞赏可以说是除了广告收入外的另一种收益方式，同时还能增进与粉丝之间的关系。

创作者可以进入抖音的抖音创作者中心，点击"全部"按钮进入"工具服务"界面，点击"赞赏"按钮，如图 4-5-8 所示，即可进入"视频赞赏"页面。但是"视频赞赏"功能目前处于内测中，仅针对粉丝量 1 万以上、账号状态正常且无各类违规、原创度高的个人创作者开放内测。平台会通过站内信的方式限量邀请符合开启条件的创作者试用。

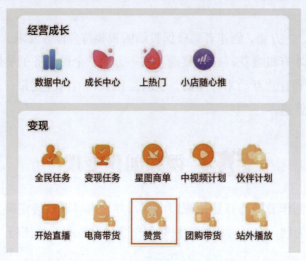

图 4-5-8 "视频赞赏"申请入口

当创作者开通"视频赞赏"功能后，观众在浏览其发布的短视频时，只需长按视频后点击"赞赏视频"按钮，或者在分享面板中点击"赞赏视频"按钮，即可给创作者打赏。

3. 伙伴计划变现

"创作者伙伴计划"是平台针对优质和原创内容创作者提供的现金激励。加入创作者伙伴计划后，创作者发布符合计划要求的作品，平台将基于作品的内容质量、获利播放和有效互动结合观看用户产生的广告价值等因素，每日综合结算计划创作收益。

创作者在抖音移动端找到抖音创作者中心，点击"全部"按钮进入"工具服务"界面，点击"伙伴计划"按钮，如图 4-5-9 所示，即可进入"创作者伙伴计划"页面。

图 4-5-9 "伙伴计划"申请入口

内测期间，部分受邀创作者可直接点击"加入创作者伙伴计划"按钮操作加入，其他已开放内测加入的创作者，需要满足以下两个条件后才可申请加入计划。

（1）抖音账号粉丝数不低于 5 万。

（2）2022 年起公开作品数不低于 20 个。

"创作者伙伴计划"是"中视频伙伴计划"的延伸版本，若已加入"中视频伙伴计划"，加入"创作者伙伴计划"后，抖音创作收益将通过本计划发放，激励体裁更广，幅度更大，创作者有机会赢取更高收益。

5.3　电商变现

目前短视频处于一个庞大的流量风口，当运营者通过短视频吸引了大量的私域流量时，该如何进行变现和盈利？本节将以抖音平台为例，展示五种短视频变现秘诀，帮助运营者通过短视频轻松盈利。

☞ 1. 抖音小店变现

抖音小店是抖音针对短视频达人内容变现推出的一个内部电商功能，用户无须跳转到外网链接，在抖音平台就可以直接购买，在抖音内部即可实现电商闭环，使运营者更快变现，同时也为用户带来更好的消费体验。

抖音小店针对以下两类用户人群。

（1）小店商家。即店铺经营者，主要进行店铺运营和商品维护，并通过自然流量来获取和积累用户，抖音小店同时支持小店商家开展在线支付服务。

（2）广告商家。可以通过广告来获取流量，售卖爆款商品。开通抖音小店，运营者首先需要开通"商品分享"功能，并且需要持续发布优质原创视频，同时解锁视频电商和直播电商等功能，满足条件的抖音号运营者会收到系统的邀请信息。如图 4-5-10 所示为抖音小店官网上显示的抖音小店入驻流程。

图 4-5-10　抖店入驻流程

2. 商品橱窗变现

商品橱窗和抖音小店都是抖音电商平台为运营者提供的带货工具，其中的商品通常会出现在短视频和直播间的购物车列表中，消费者可以通过点击商品标签或者链接进入商品详情页下单付款，让运营者实现卖货变现。运营者可以在抖音的"橱窗管理"界面中添加商品，添加完毕之后的商品会出现在运营者的商品橱窗中，供用户购买。商品橱窗除了会显示在信息流中，还会出现在个人主页中，方便粉丝进入运营者主页后查看该账号发布的所有商品。图 4-5-11 所示为某抖音号的橱窗界面。

图 4-5-11 某抖音号的橱窗界面

通过对商品橱窗的管理，运营者可以将具有优势的商品放置在显眼位置，增加用户的购买欲望，从而达到打造爆款的目的。运营者要想让用户购买自己橱窗里边的商品，可以通过短视频和直播间两种渠道来实现。其中，短视频不仅可以为商品引流，而且还可以吸引粉丝关注，提升老顾客的复购率。发布"种草"视频对于售卖橱窗商品来说很有必要，所以运营者在做抖音运营的过程中也需要多拍摄"种草"视频来为橱窗商品引流。

3. 抖音购物车变现

抖音购物车即商品分享功能，就是对商品进行分享的一种功能。在抖音平台中，开通商品分享功能后，运营者会拥有自己的商品橱窗，可以在抖音短视频、直播间和个人主页等界面对商品进行分享。图 4-5-12 所示为抖音短视频页面中的购物车。

图 4-5-12　视频页面中的购物车

开通抖音购物车功能必须满足两个条件，一是完成实名认证并缴纳作者保证金，二是开通收款账户（用于提取佣金收入）。当两个条件都满足后抖音账号运营者便可申请开通抖音购物车功能，成为带货达人。

运营者开通抖音购物车功能后，最直接的好处就是可以拥有个人商品橱窗，用户在购物车购买商品之后运营者便会获得佣金收益。在抖音平台中，电商变现最直接的一种方式就是通过分享商品链接，为用户提供一个购买商品的渠道。对于运营者来说，无论分享的商品是自己店铺中的商品，还是他人店铺中的商品，只要有用户购买，就能有收益。

4. 精选联盟变现

精选联盟是抖音为短视频运营者打造的 CPS（Cost Per Sales，按商品实际销售量进行付费）变现平台，它承载了巨量优质商品资源，还提供了交易管理和佣金结算等功能，其主要供货渠道是抖店。

运营者可以选择开店销售商品，并入驻精选联盟。运营者也可以选择通过帮助商家推广商品，来赚取佣金收入。"精选联盟"的入口位于"商品橱窗"界面中，点击"选品广场"按钮，即可进入"抖音电商精选联盟"页面，可以在此筛选产品进行带货。

运营者可以通过在精选联盟平台中输入商品链接从而查找对应的商品，并将商品添加到自己的商品橱窗中，然后在短视频的"发布"界面，选择"添加商品"选项，进入"我的橱窗"界面选择相应的商品，点击"添加"按钮，即可发布带货短视频。当用户看到视频并购买视频中上架的商品后，运营者即可获得佣金收入。

☞5. 团购带货变现

团购带货就是商家发布团购任务，运营者通过发布带有位置信息或团购信息的相关短视频，如图4-5-13所示，吸引用户点击并购买商品。用户完成到店使用后，运营者即可获得佣金。

图 4-5-13　带有位置和团购信息的短视频

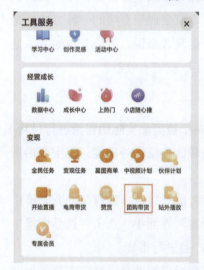

图 4-5-14　"团购带货"申请入口

需要注意的是，团购带货售卖的商品是以电子订单的形式发放给用户的，不会产生物流运输和派送记录，需要用户自行前往指定门店，出示支付的电子订单，在线下完成消费。

要想申请团购带货功能，运营者的粉丝数量不能低于1000，这里要求的粉丝量是指抖音账号的纯粉丝量，不包括绑定的第三方账号粉丝量。满足要求的运营者可以进入抖音的创作者中心，点击"团购带货"按钮，如图4-5-14所示，即可申请开通该功能。

团购带货功能之所以如此火爆，是因为运营者只需发视频就能获得收益，而商家只需发布任务就会有人下单到店消费，用户也能以优惠的价格购买到商品或享受服务。

5.4 多平台变现

作为短视频创作者，要想获得更多收益，则可以尝试在多个平台上创建账号并发布视频，以下四个平台是抖音以外也可以通过短视频创作来获得收益的软件。

☞ 1. 抖音火山版

抖音火山版原名火山小视频，火山小视频和抖音正式宣布品牌整合升级，火山小视频更名为抖音火山版，并启用全新图标。抖音火山版是一款收益分成比较清晰、门槛较低的短视频平台。抖音火山版的定位很准确，其口号是"会赚钱的小视频"，牢牢地把握了运营者想要获得收益的心理。

抖音火山版针对优质创作者推出了一个长期扶持计划——火苗计划，旨在培养火山小视频 UGC（User Generated Content，用户生成内容）原创达人，发掘、寻找与火山有故事的原创达人。另外，火山小视频宣布推出"百万行家"计划：一年投入 10 亿元的资源，面向全国扶持职业人群、行业机构和 MCN（Multi-Channel Network，一种多频道网络的产品形态），覆盖范围包括烹饪、养殖、汽修、装潢等各行各业。

抖音火山版的主要收益来自平台补贴，具体的补贴包括两部分：一是火力现金补贴，每位用户上传的小视频，只要符合优质、原创标准，都将获得现金补贴；二是针对内容特别优质的达人，推出特定养成计划，进行长期流量扶持。

☞ 2. 快手

快手是北京快手科技有限公司旗下的产品。基于磁力聚星平台，快手推出"品牌星推官"和"小麦计划"两个扶持项目，从对接项目、流量扶持、费率减免等多方面给创作者实惠。此外，快手还推出了帮助中小创作者变现的营销产品"磁力万合"。针对万粉以上的创作者，符合规则即可加入"磁力万合计划"，平台会在其个人主页等多个场景展示商业广告。

平台不仅关注中小创作者的成长路径，对处于不同阶段的创作者量身打造了相应的扶持政策，全面升级了"光合计划"。"光合计划"是快手整个创作者运营的基础设施建设，覆盖了万粉以上的全量创作者以及万粉以下高成长型创作者。

快手对"光合计划"的激励任务进行了迭代升级，针对不同分类、不同发展阶段的创作者，把激励任务分层，帮助新老创作者实现有效涨粉及变现。

MCN 机构同样是内容生态中的重要角色。快手推出了针对 MCN 的"炬光计划"，将投入上千万现金和上亿流量搭建机构服务平台，扶持机构旗下达人涨粉。同时，平台将联动聚星代理商为机构提供更多的商业合作机会，帮助 MCN 达人更迅速高效地变现。

☞ 3. 秒拍

秒拍是由炫一下科技有限公司推出的自媒体创作者平台，为短视频运营者提供内容发布、变现和数据管理服务。秒拍平台适合自媒体和各种机构类型的运营者，能够帮助他们获得更多的曝光和关注，扩大影响力，更好地进行品牌营销与内容变现。对于短视频运营者来说，秒拍有以下四大优势。

（1）智能推荐。个性化兴趣推荐，将运营者的内容推荐给更适合的用户。

（2）引爆流量。上亿级流量分发平台，瞬间引爆优质内容。

（3）多重收益。平台提供现金分成和原创保底，并投放 10 亿资金来扶持优质运营者，共建内容生态。

（4）数据服务。平台提供多维度数据工具辅助运营者进行创作，帮助运营者及时复盘并优化运营效果。

运营者可以进入"秒拍创作者平台"主页，单击"加入创作者平台"按钮，根据页面提示进行注册。秒拍创作者平台不仅具有视频上传、管理和推广等功能，而且可以为运营者添加独特的身份标识，平台会优先推荐运营者的视频作品，从而获得更高的播放量、人气和广告收入。

4. 美拍

"美拍 M 计划"的推出是基于让达人更好地实现变现的目的，平台会根据美拍达人的属性来分配不同的广告任务，达人完成广告任务后会获得相应的收益。

"美拍 M 计划"的主页提供"我是达人"和"我是商家"两个不同的入口，用户可以根据自己的实际需要进行注册。

（1）针对达人用户。"美拍 M 计划"提供海量的优质广告主资源，用户能够获得更多有效的变现机会，资金结算更快更有保障。

（2）针对商家用户。"美拍 M 计划"为其匹配丰富精准的达人资源，获取真实权威的数据分析，享有安全的交易保障。

但是"美拍 M 计划"并不向所有的美拍达人开放，而是需要满足一定的条件才能加入。其中成为"美拍认证达人"的条件难度比较大，不仅要求原创内容，而且对粉丝数量、作品数量和点赞量都有要求。当达人接到系统派发的广告任务后，可以自行选择是否接单。在订单派发下来的 24 小时内，如果达人没有进行操作，则订单可能会被取消。达人接单后，需要根据商家的要求来拍摄短视频，并在规定的时间内提交任务，在客户端发布时选择相应任务即可完成提交。

为保障广告视频的顺利发布，运营者需要在"美拍 M 计划"平台上为达人广告视频支付走单费用。走单的广告视频支持添加"边看边买"功能为电商导流。达人入驻"美拍 M 计划"后，可以关注公众号"美拍 M 计划"，点击"广告走单"即可完成视频走单。

5.5 其他变现方式

1. 打赏订阅变现

很多短视频平台开通了直播功能，比如抖音直播、快手直播等。创作者可通过短视频将粉丝引流到直播间中，如果直播内容或者效果被观众喜欢，那么他们就有可能会在直播的过程中为主播打赏。只要有粉丝送礼物，就可以从中拿到提成。目前随着短视频直播的不断完善，打赏的平均收入呈现逐年上升的趋势，许多人专职从事短视频直播，靠打赏获得收入。

在一些短视频平台，只要创作者的直播订阅数量达到一定级别，平台就会发放相应的奖励。如果能运营好一个高订阅量的账号，也会获得丰厚的收入。

2. 抖音小程序变现

抖音小程序实际上是抖音的简化版软件。抖音小程序具备一些其他软件的基本功能，而且无须另行下载，只要在抖音短视频中进行搜索，点击进入即可直接使用，如图 4-5-15 所示是抖音"神州租车"小程序的入口。随着抖音小程序的推出，抖音电商运营者又增加了一个获益渠道。

图 4-5-15　"神州租车"小程序入口

运营者可以通过字节跳动小程序开发者平台来开发并投放小程序，当运营者拥有自己的抖音小程序后，便可以在视频播放界面中插入抖音小程序链接，用户只需点击该链接，便可以直接进入对应的小程序界面。与大多数电商平台相同，抖音小程序中可以直接售卖商品。用户进入对应小程序之后，选择需要购买的商品，点击支付便可以完成购买。除此之外，运营者还可以公开自己的抖音小程序供抖音用户分享，从而为抖音用户购物提供更多便利。

3. 售卖版权

有些优质的短视频剧本会被商家看中，商家会直接从运营者手中买下该剧本的版权，然后进行二次创作，这就是版权的变现。这类变现方式比较适合微电影类型的账号。

还有一些有关家庭生活类题材的原创视频，其情节立意深远，内容深入人心，商家会直接买断版权并改编成其他影视素材。这也是创作者通过售卖版权来获取收益的一种方式。

4. 内容变现

内容付费就是通过在前端分享某些领域的知识和技术、在后端售卖相关课程的教程，以此来完成变现的一种商业模式。能够实现内容付费的短视频类型有：升学、考证、健身、摄影、乐器和运营等，如图 4-5-16 所示为关于摄影后期系统的课程。

图 4-5-16　摄影后期系统的课程

　　运营者在创作短视频时，要涵盖一些大众感兴趣的知识点，并且要持续发布这类短视频，这样大家才会认可博主的专业度去购买课程。当然，这也需要创作者有庞大的知识储备量，至少能够做到储备一个月的视频素材，或者囤积 30~50 条可发布的视频内容。对创作者的视频感兴趣的用户通常会通过私信或者留言的方式询问如何购买课程，这时候创作者就可以筛选目标用户群体，并有针对性地和其进行沟通和交流，将课程售卖出去，如图 4-5-17 所示为某小程序制作的运营者通过私信的方式向用户推荐并销售自己的课程。

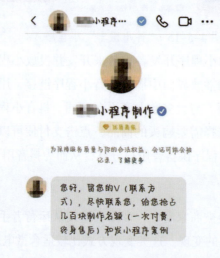

图 4-5-17　运营者通过私信推销自己的课程

　　这种商业模式非常常见。付费内容首先注重课程的质量，优质的课程内容以及口碑是非常重要的。其次是内容的营销。怎样展示课程内容？如何将用户画像和内容相关联从而更好地做好内容和内容营销？要实现内容付费，这些问题都是需要考虑的。